岩波講座
物理の世界

数学から見た統計力学と熱力学

物の理 数の理4

数学から見た統計力学と熱力学

砂田利一

岩波書店

本文図版

飯箸　薫

まえがき

「物の理・数の理」の第3巻では相対論について解説したが，本巻では再び古典力学に戻り，統計力学と熱力学の古典論について論じる．その準備のため，まず最小作用の原理から導かれる古典力学を考察する．「世界は常に最適なものを選択する」という最小作用の原理は，屈折の法則を導くのにフェルマが仮定した「光は最短時間の経路を選ぶ」という原理を原型としている．この原理は，数学の分野としては変分学に発展し，物理学においては，力学理論の指導原理として大きな役割を果たしてきた．最小作用の原理から得られる運動方程式(オイラー-ラグランジュ方程式)は，運動の状態を表わす位置と運動量の「対称性」に着目することにより，一階の連立常微分方程式系(ハミルトン方程式)に書き直される．これをハミルトン形式による力学系の表現という．ハミルトン形式は，状態空間を表わす多様体に新たな構造(シンプレクティック構造)を導入することにより，幾何学的にも自然な意味をもつことになる．ハミルトン形式による古典力学の定式化は，単なる数学上の「言葉遊び」ではない．それは，量子力学においても重要な役割を果たすことになるのである．

統計力学の章では，ボルツマンとマクスウェルの仕事に起源をもつ気体の運動論について解説する．気体を分子の集まりとし，力学的には分子を表わすハミルトン力学系の「弱い結合」として気体を表現する．したがって，気体の運動も本質的には古典力学の範疇に属するが，分子数が極めて大きいことから生じる特性に着目することが，気体の統計力学の立脚点である．すなわち，状態空間の点として表現される微視的状態を刻々と記録することは現実には不可能であるという事実を積極的に受け入れること，これこそ統計力学の出発点なのである．そこで登場するのが，巨視的状態の概念である．巨視的状態は，状態空間上の確率測度であり，この確率測度に関する平均値を通して気体が観測されることになる．巨視的状態の中で，時間によらずに一定なものが平衡状態である．そして平衡状態は，気体が孤立している場合には小正準分布により与えられ，気体が外の環境と接触している場合には正準分布により与えられる．数学的には，小正準分布はエルゴード理論と関係し，正準分布は(局所型)中心極限定理から導かれる．

熱力学は，統計力学の基礎の上に構築される現象論である．そして，気体の力学的変化と条件の変化を引き起こす行為(熱力学的操作)，およびこの行為により生じる熱と仕事の関係が熱力学における主題となる．熱力学の章では，平衡状態を特徴付ける量として，前もって定義しておいたエントロピーの概念を用いて，熱力学の主法則(第二法則)であるクラウジウスの不等式を定式化し，その帰結について解説する．最後に熱機関について簡単に触れる．

正直に告白すれば，熱力学は数学サイドからはもっとも扱いにくい話題である．数学的に曖昧な概念が多いうえに，理論構成上で自己矛盾も生じやすい．「果実」を多くしようとすれば，茫洋とした概念の海に放り出される．熱力学の「公理的」な扱いの試みもあるが，その労力の割には「果実」が少ない．そこで本書では，折衷的な立場をとることにした．その結果，読者をミスリードする可能性もある．忌憚のない批判をいただきたい．

この巻までで，物理学の古典理論はほぼすべて扱ったことになる．本シリーズ（講座）の性格から，古典物理のさらに立ち入った話題については省略せざるを得なかった．数学的観点からみた個々の問題についての解説は，別の機会に譲ることにする．

2004 年 8 月

砂田利一

目　次

囲み記事

1
ハミルトン方程式

広いクラスに属する拘束力学系の運動方程式が，変分問題に対するオイラー-ラグランジュの方程式として表わされることをみた後，それを自然な方法で1階の微分方程式であるハミルトン方程式に変換する．さらに，ハミルトン方程式の背景にある幾何学的構造を抽象化した，シンプレクティック多様体の概念を導入する．

■1.1　ハミルトンの原理

本講座「物の理・数の理 2」2.1節で解説した電場および磁場の下での拘束力学系の運動方程式 $\nabla_{\dot{\boldsymbol{x}}}\dot{\boldsymbol{x}}=-\mathrm{grad}\,u+W(\dot{\boldsymbol{x}})$ が，汎関数

$$\mathcal{L}=\int_a^b\left(\frac{1}{2}\|\dot{\boldsymbol{c}}(t)\|^2+A(\dot{\boldsymbol{c}}(t))-u(\boldsymbol{c}(t))\right)\mathrm{d}t \tag{1.1}$$

の**停留曲線**(解)として特徴付けられることをみよう．ただし，A は磁場 B の大域的なベクトル・ポテンシャルとする．このため，もっと一般の形をした汎関数 $\mathcal{L}=\displaystyle\int_a^b L(t,\boldsymbol{c}(t),\dot{\boldsymbol{c}}(t))\mathrm{d}t$ の変分問題を考える．ここで L は $[a,b]\times TM$ 上の関数とする．また，

TM は多様体 M の**接ベクトル束**であり，つぎのようにして定義される多様体である．$TM=\bigcup_{p\in M} T_pM$（集合としての直和）と置く．さらに，写像 $\pi : TM \longrightarrow M$ を $\boldsymbol{u} \in T_pM$ に対して，$\pi(\boldsymbol{u})=p$ と置くことにより定義する．M の座標近傍 U とその局所座標系 $(q_1,\cdots,q_n)$ に対して，$TU=\{\boldsymbol{u};\pi(\boldsymbol{u})\in U\}$ と置く．$\boldsymbol{u}\in TU$ に対して，$\boldsymbol{u}$ の座標 $(q_1,\cdots,q_n,\dot{q}_1,\cdots,\dot{q}_n)$ をつぎのように定める．$(q_1,\cdots,q_n)$ は $\pi(\boldsymbol{u})$ の座標であり，$(\dot{q}_1,\cdots,\dot{q}_n)$ は $\boldsymbol{u}=\sum_{i=1}^{n}\dot{q}_i\Bigl(\dfrac{\partial}{\partial q_i}\Bigr)$ により定められる数の組である．この局所座標系により，$\pi : TM \longrightarrow M$ が滑らかな写像となるような多様体の構造が TM に入る．同様にして，**余接束** $T^*M=\bigcup_{p\in M} T^*M$ にも多様体の構造が入る．

多様体 M の中の滑らかな曲線 $c:[a,b]\longrightarrow M$ で，座標近傍 U に含まれ，$c(a)=x_0$, $c(b)=x_1$ を満たすものを考える．c が汎関数 $\mathcal{L}$ の停留曲線（解）とは，$c_s(a)=x_0$, $c_s(b)=x_1$, $c_0=c$ を満たすすべての曲線族 $c_s:[a,b]\longrightarrow M$ $(|s|<\epsilon)$ に対して

$$\frac{\mathrm{d}}{\mathrm{d}s}\mathcal{L}(c_s)\Big|_{s=0}=0 \tag{1.2}$$

となることである（ただし，$(s,t)\mapsto c_s(t)$ は滑らかとする）．$\boldsymbol{u}(t)=\dfrac{\mathrm{d}c_s(t)}{\mathrm{d}s}\Big|_{s=0}=\sum_{i=1}^{n}u_i(t)\Bigl(\dfrac{\partial}{\partial q_i}\Bigr)_{c(t)}$ と置くことにより，c に沿うベクトル場 $\boldsymbol{u}$ が得られるが，これを曲線族 $\{c_s\}$ に対する**変分ベクトル場**という（図 1.1 参照）．$\boldsymbol{u}(a)=\boldsymbol{u}(b)=\boldsymbol{0}$ に注意．逆にこの条件を満たす c に沿うベクトル場はある曲線族の変分ベクトル場になっている．(1.2)の左辺を $\delta\mathcal{L}$ と置くと，微分と積分の交換と部分積分により，

$$\delta\mathcal{L}=\int_a^b\sum_{i=1}^{n}\Bigl(\frac{\partial L}{\partial q_i}u_i+\frac{\partial L}{\partial \dot{q}_i}\dot{u}_i\Bigr)\mathrm{d}t$$

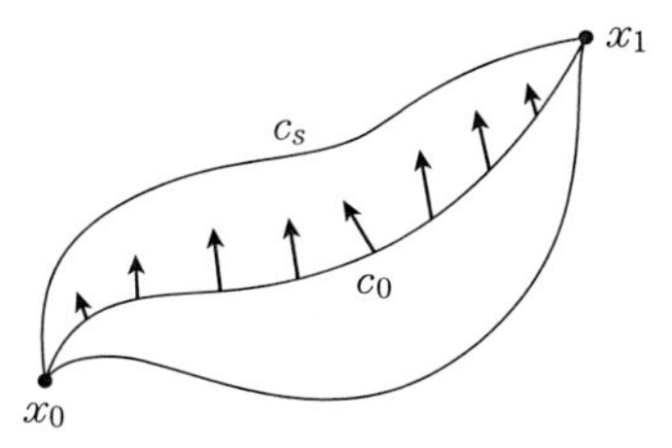

図 1.1 変分ベクトル場

$$= \int_a^b \sum_{i=1}^n \left(\frac{\partial L}{\partial q_i} - \frac{\mathrm{d}}{\mathrm{d}t} \frac{\partial L}{\partial \dot{q}_i} \right) u_i \mathrm{d}t$$

となるから，$\boldsymbol{u}$ の任意性により

$$\frac{\partial L}{\partial q_i} - \frac{\mathrm{d}}{\mathrm{d}t} \frac{\partial L}{\partial \dot{q}_i} = 0 \tag{1.3}$$

が $\delta \mathcal{L}=0$ となるための必要十分条件である．ただし，方程式の中で，$\dot{q}_i$ は $\frac{\mathrm{d}}{\mathrm{d}t} q_i(t)$ に置きかえる．L を**ラグランジアン**，積分 $\mathcal{L}$ を**作用積分**，(1.3)を**オイラー-ラグランジュ方程式**という．

例題 1.1 (1.1)に対するオイラー-ラグランジュ方程式を求めよ．

【解】 局所座標系で表わせば $L(q, \dot{q}) = \frac{1}{2} \sum_{ij} g_{ij} \dot{q}_i \dot{q}_j + \sum_i a_i \dot{q}_i - u$．ゆえに

$$\frac{\partial L}{\partial q_k} = \frac{1}{2} \sum_{ij} \frac{\partial g_{ij}}{\partial q_k} \dot{q}_i \dot{q}_j + \sum_i \frac{\partial a_i}{\partial q_k} \dot{q}_i - \frac{\partial u}{\partial q_k},$$

$$\frac{\mathrm{d}}{\mathrm{d}t} \frac{\partial L}{\partial \dot{q}_k} = \frac{\mathrm{d}}{\mathrm{d}t} \left(\sum_j g_{kj} \dot{q}_j + a_k \right) = \sum_{ij} \frac{\partial g_{kj}}{\partial q_i} \dot{q}_i \dot{q}_j + \sum_j g_{kj} \ddot{q}_j + \sum_i \frac{\partial a_k}{\partial q_i} \dot{q}_i$$

$$\Longrightarrow \quad \frac{\partial L}{\partial q_i} - \frac{\mathrm{d}}{\mathrm{d}t} \frac{\partial L}{\partial \dot{q}_i} = -\sum_j g_{kj} \ddot{q}_j + \sum_{ij} \left(\frac{1}{2} \frac{\partial g_{ij}}{\partial q_k} - \frac{\partial g_{kj}}{\partial q_i} \right) \dot{q}_i \dot{q}_j + \sum_i \left(\frac{\partial a_i}{\partial q_k} - \frac{\partial a_k}{\partial q_i} \right) \dot{q}_i - \frac{\partial u}{\partial q_k} \tag{1.4}$$

ここで

$$\sum_{ij} \left(\frac{1}{2} \frac{\partial g_{ij}}{\partial q_k} - \frac{\partial g_{kj}}{\partial q_i} \right) \dot{q}_i \dot{q}_j = \sum_{ij} \left(\frac{1}{2} \frac{\partial g_{ij}}{\partial q_k} - \frac{1}{2} \frac{\partial g_{kj}}{\partial q_i} - \frac{1}{2} \frac{\partial g_{ki}}{\partial q_j} \right) \dot{q}_i \dot{q}_j$$

および $b_{ki} = \frac{\partial a_i}{\partial q_k} - \frac{\partial a_k}{\partial q_i}$ に注意して，(1.4)の右辺に $-g^{hk}$ を掛けて k に

ついて和をとれば，次式を得る．

$$\ddot{q}_h+\sum_{ij}\Gamma_i{}^h{}_j\dot{q}_i\dot{q}_j-\sum_{ki}g^{hk}b_{ki}\dot{q}_i+\sum_k g^{hk}\frac{\partial u}{\partial q_k}=\nabla_{\dot{c}}\dot{c}-W(\dot{c})+\operatorname{grad}u$$

よって，求めるオイラー-ラグランジュ方程式は，静電場と静磁場の下での運動方程式 $\nabla_{\dot{\boldsymbol{x}}}\dot{\boldsymbol{x}}=-\operatorname{grad}u+W(\dot{\boldsymbol{x}})$ に他ならない． ∎

上の例のように，運動方程式はオイラー-ラグランジュ方程式として表現されることが多い．このオイラー-ラグランジュ方程式は，2 階の常微分方程式系であるから，未知関数を増やして 1 階の常微分方程式系に直すことができるが，それを注意深く行うことにより，「対称」な形をもつようにできる．

以下，L は時間変数を含まないものとする．$p_i=\dfrac{\partial L}{\partial\dot{q}_i}$ と置いて，変数変換 $(q_1,\cdots,q_n,\dot{q}_1,\cdots,\dot{q}_n)\mapsto(q_1,\cdots,q_n,p_1,\cdots,p_n)$ を行う（一般には，このような変数変換ができるとは限らないが，ここでは可能と仮定する）．これは，大域的には

$$\boldsymbol{v}(\kappa(\boldsymbol{u}))=\frac{\mathrm{d}}{\mathrm{d}s}\bigg|_{s=0}L(p,\boldsymbol{u}+s\boldsymbol{v})\quad(\boldsymbol{u},\boldsymbol{v}\in T_pM)$$

と置くことにより定義される写像 $\kappa:TM\longrightarrow T^*M$ の座標表示である．p_i たちを**一般化された運動量**という．T^*M の新しい座標系 $(q_1,\cdots,q_n,p_1,\cdots,p_n)$ に関する関数 $H(p,q)$ を $H(p,q)=\sum_i p_i\dot{q}_i-L(q,\dot{q})$ により定義して，H を余接束 T^*M 上の関数と考える．$\dot{q}_i=f_i(p,q)$ とすれば，$H=\sum_i p_if_i(p,q)-L(q,f(p,q))$ であるから

$$\frac{\partial H}{\partial q_i}=\sum_j p_j\frac{\partial f_j}{\partial q_i}-\frac{\partial L}{\partial q_i}-\sum_j\frac{\partial L}{\partial\dot{q}_j}\frac{\partial f_j}{\partial q_i}=-\frac{\partial L}{\partial q_i},$$

$$\frac{\partial H}{\partial p_i}=f_i(p,q)+\sum_j p_j\frac{\partial f_j}{\partial p_i}-\frac{\partial L}{\partial\dot{q}_j}\frac{\partial f_j}{\partial p_i}=f_i(p,q)$$

となる．よって，オイラー-ラグランジュの方程式は，つぎの方

程式に同値である．

$$\frac{\mathrm{d}p_i}{\mathrm{d}t} = -\frac{\partial H}{\partial q_i}, \quad \frac{\mathrm{d}q_i}{\mathrm{d}t} = \frac{\partial H}{\partial p_i}$$

H をハミルトニアンあるいは**ハミルトン関数**，上記の微分方程式を**ハミルトン方程式**という．次節でみるように，この方程式は大域的な意味をもつ．

例題 1.2 ラグランジアンとして $L(q,\dot{q})=\frac{1}{2}\sum_{ij} g_{ij}(q)\dot{q}_i\dot{q}_j+\sum_i a_i(q)\dot{q}_i-u(q)$ をとるとき，対応するハミルトニアンを求めよ．

【解】 $p_i=\frac{\partial L}{\partial \dot{q}_i}=\sum_j g_{ij}\dot{q}_j+a_i$ であるから，$\dot{q}_i=\sum_j g^{ij}(p_j-a_j)$ となる．ハミルトニアンの定義から次式を得る．

$$H = \sum_i p_i\dot{q}_i-L = \frac{1}{2}\sum_{ij} g_{ij}\dot{q}_i\dot{q}_j+u = \frac{1}{2}\sum_{ij} g^{ij}(p_i-a_i)(p_j-a_j)+u$$

□

こうして，広いクラスに属する運動方程式が，ハミルトン方程式として表現されることになる．このハミルトン方程式は，余接束上の方程式系であるが，余接束のもつ特性を一般化することにより，**シンプレクティック多様体**の概念が得られ，この方程式は，より広範な観点から取り扱われることになる．

例 1 上で，電場と磁場の下での拘束力学系に対するラグランジアンとハミルトニアンを考えた．本講座「物の理・数の理 2」2.1 節で注意したように，拘束力学系では，質量(測度)はリーマン計量に組み入れられていて，このために質量 1 の 1 質点の運動と考えられることを思い出そう．拘束力のない N 個の質点系の運動についても，質量たちを計量に組み入れることにより，質量 1 をもつ 1 質点の $\mathbb{R}^{3N}$ の中の運動と考えることができる．ただし，$\mathbb{R}^{3N}$ の計量は標準的計量 $\sum_{i=1}^{N}\|\boldsymbol{x}_i\|^2$ ではなく，

$$g(\boldsymbol{x},\boldsymbol{x}) = \sum_{i=1}^{N} m_i\|\boldsymbol{x}_i\|^2 \qquad (\boldsymbol{x}=(\boldsymbol{x}_1,\cdots,\boldsymbol{x}_N))$$

により定義される計量である．このとき，例えばポテンシャル・エネルギー

変分学と古典力学

本書では簡単にしか取り上げられなかったが，変分学(法)の考え方は古典力学(解析力学)の発展に極めて重要な役割を果たしている．変分学の源流は，屈折の法則を理解するために提出された「媒質の中を進む光の最短経路は最短時間の条件で決まる」というフェルマの原理にある(1662 年)．この原理を用いて屈折の法則を導くのは，現代では 1 変数関数の極大・極小の演習問題に過ぎないが，モーペルテュイ(1774 年)は，さらにフェルマの原理を発展させて，「最小作用の原理」を提唱することにより，形而上学的原理を力学の基礎としようとした．それに先立つ 1699 年，ヨハン・ベルヌーイは「同一水平面上にない 2 点が与えられたとき，重力作用の下で質点が上方の点から曲線に沿って下方の点まで降下するとき，要する時間が最小になるような曲線を求める」最短降下線(brachistochrone)の問題を提出した．この問題の解がサイクロイドであることは，ライプニッツ，ニュートン，ヤコブ・ベルヌーイそしてヨハン・ベルヌーイ自身が見出したが，彼はさらに曲面上の 2 点を結ぶ最短線(測地線)を求める問題を考察し，オイラーに一般的解法を託した．オイラーは，これをきっかけに多くの力学の問題を変分法の観点から見直し，その結果「最小作用の原理」にモーペルテュイとは独立に到達したのである．

なぜ，「最小作用の原理」が形而上学と結びつくのだろうか．その理由を説明するため，屈折の問題を考えてみよう．2 点を結ぶ経路の中で，最短時間となる経路を光は終点に到達する前に「あらかじめ」知っているのはなぜだろうか．これは，「自然が“目的”をもっている」ことを示唆しており，その“目的”とは何かを見出すのが形而上学の仕事と考えられていたのである．しかし，ダランベールは，このような神学的ともいえる観点に批判的であった．ダランベールによる力学の研究を媒介として，「最小作用の原理」を純粋に力学の原理として定式化したのがラグランジュである(巻末の参考文献[1])．

$U(\boldsymbol{x}_1,\cdots,\boldsymbol{x}_N)$ により相互作用する質点系のラグランジアンは

$$L(\boldsymbol{x},\dot{\boldsymbol{x}})=\frac{1}{2}g(\dot{\boldsymbol{x}},\dot{\boldsymbol{x}})-U(\boldsymbol{x})=\frac{1}{2}\sum_{i=1}^{N}m_i\|\dot{\boldsymbol{x}}_i\|^2-U(\boldsymbol{x}_1,\cdots,\boldsymbol{x}_N)$$

により与えられ，運動量座標は $\boldsymbol{p}_i=\dfrac{\partial L}{\partial \dot{\boldsymbol{x}}_i}=m_i\dot{\boldsymbol{x}}_i$ により与えられる．したがってハミルトニアンは

$$H=\frac{1}{2}\sum_{i=1}^{N}\frac{1}{m_i}\|\boldsymbol{p}_i\|^2+U(\boldsymbol{q}_1,\cdots,\boldsymbol{q}_N)$$

により与えられる．また，電場 $\boldsymbol{E}=-\mathrm{grad}\,\phi$ と磁場 $\boldsymbol{B}=\mathrm{rot}\,\boldsymbol{A}$ の下で，質量 m，電荷 e をもつ点電荷に対するラグランジアンとハミルトニアンは，それぞれ

$$L=\frac{1}{2}m\|\dot{\boldsymbol{x}}\|^2+e\boldsymbol{A}\cdot\dot{\boldsymbol{x}}-e\phi,$$
$$H=\frac{1}{2m}\|\boldsymbol{p}-e\boldsymbol{A}\|^2+e\phi$$

により与えられる．

1.2　シンプレクティック多様体

S を滑らかな多様体，ω を S 上の 2 次の閉じた微分形式とする．もし，ω が非退化，すなわち「接ベクトル X について，すべての接ベクトル Y について $\omega(X,Y)=0 \Longrightarrow X=0$」が成り立つとき，$\omega$ は**シンプレクティック形式**とよばれ，(S,ω) は**シンプレクティック多様体**(あるいは**相空間**，**位相空間**)とよばれる．

例 2　$S=\mathbb{R}^{2n}$ の座標を $(p_1,\cdots,p_n,q_1,\cdots,q_n)$ として，$\omega_0=\sum_{i=1}^{n}dp_i\wedge dq_i$ とするとき，$(\mathbb{R}^{2n},\omega_0)$ はシンプレクティック多様体である．

例 3　多様体 M の局所座標系 $(q_1,\cdots,q_n)$ と，それから定まる余接束 T^*M の局所座標系 $(p_1,\cdots,p_n,q_1,\cdots,q_n)$ に対して，$\omega_0=\sum_{i=1}^{n}dp_i\wedge dq_i$ は，T^*M 上の大域的に定義された微分形式であり，(T^*M,ω_0) はシンプレクティック多様体である．ω_0 が局所座標系のとり方によらないことをみるために，$\pi:T^*M\longrightarrow M$ を $\xi\in T_p^*M$ に対して $\pi(\xi)=p$ と置いて定義した写

像とするとき，$S=T^*M$ 上の 1 次の微分形式 η を $\eta(\xi)=\pi^*(\xi)$ により定義する．明らかに $\eta=\sum_{i=1}^{n} p_i dq_i$ であり，$\omega_0=d\eta$ となる．上の例は，$M=\mathbb{R}^n$ の場合に対応する．

課題 1.1　任意のシンプレクティック多様体は，少なくとも局所的には例 2 の形をしていることを示せ．すなわち，(S,ω) をシンプレクティック多様体とするとき，S の任意の点の周りの局所座標系 $(p_1,\cdots,p_n,q_1,\cdots,q_n)$ で，$\omega=\sum_{i=1}^{n} dp_i \wedge dq_i$ となるものが存在する(**ダルブーの定理**)．換言すれば，

$$\omega\left(\frac{\partial}{\partial p_i},\frac{\partial}{\partial q_j}\right)=\delta_{ij},\ \omega\left(\frac{\partial}{\partial p_i},\frac{\partial}{\partial p_j}\right)=0,\ \omega\left(\frac{\partial}{\partial q_i},\frac{\partial}{\partial q_j}\right)=0$$

となる($(p_1,\cdots,p_n,q_1,\cdots,q_n)$ を**正準座標系**という)．$(p_1,\cdots,p_n)$ は運動量座標とよばれ，$(q_1,\cdots,q_n)$ は位置座標とよばれる．とくに，シンプレクティック多様体の次元は偶数である．

2 つのシンプレクティック多様体 $(S_1,\omega_1),(S_2,\omega_2)$ に対して，微分同相写像 $\varphi: S_1 \longrightarrow S_2$ がシンプレクティック形式を保つとき，すなわち $\varphi^*\omega_2=\omega_1$ であるとき，φ を**正準変換**という．

演習問題 1.1　$f: M_1 \longrightarrow M_2$ を微分同相写像とするとき，$f^*: T^*M_2 \longrightarrow T^*M_1$ は正準変換であることを示せ．

以下，(S,ω) をシンプレクティック多様体とする．ω の非退化性により，関数 $H \in C^\infty(S)$ に対してベクトル場 $X \in \mathcal{X}(S)$ を，$\omega(X,Y)=-\langle dH,Y\rangle=-YH \quad (Y \in \mathcal{X})$ を満たすように定義することができる．リーマン多様体における勾配の定義との類似性に鑑み，X を Grad H と記すことにして，H を**ハミルトニアンとするハミルトン・ベクトル場**という．正準座標系 $(p_1,\cdots,p_n,q_1,\cdots,q_n)$ を使えば

$$\mathrm{Grad}\ H = \sum_{i=1}^{n}\Big(\frac{\partial H}{\partial p_i}\frac{\partial}{\partial q_i} - \frac{\partial H}{\partial q_i}\frac{\partial}{\partial p_i}\Big)$$

と表わせる.

シンプレクティック多様体上の微分方程式 $\dfrac{\mathrm{d}x}{\mathrm{d}t} = (\mathrm{Grad}\ H)(x)$ を**ハミルトン方程式**という. 上の X_H の局所表示から, ハミルトン方程式は前節で述べた形になる. X_H が定める流れを, H に対する**ハミルトン流**という. こうして, ハミルトニアン H が与えられると S 上の力学系が定まるから, この力学系を組 (S, ω, H) で表わすことにして, これを**ハミルトン力学系**とよぶ.

課題 1.2 リーマン多様体 M 上で大域的なベクトル・ポテンシャルをもつとは限らない磁場 B が与えられたとき, T^*M 上の 2 次の微分形式 ω を $\omega = \omega_0 + \pi^*B$ により定義する. ここで, $\pi : T^*M \longrightarrow M$ は自然な写像, ω_0 は例 3 で定義したものとする. このとき, ω はシンプレクティック形式であることを示せ. さらに, シンプレクティック多様体 (T^*M, ω) 上のハミルトニアン H として, $H(\xi) = \dfrac{1}{2}\|\xi\|^2 = \dfrac{1}{2}\sum_{ij} g^{ij}\xi_i\xi_j$ $(\xi = \sum_i \xi_i dq_i \in T^*M)$ を考えるとき, H に対するハミルトン方程式は, 磁場の下での運動方程式 $\nabla_{\dot{\boldsymbol{x}}}\dot{\boldsymbol{x}} = W(\dot{\boldsymbol{x}})$ と同値であることを示せ.

2 つのハミルトン力学系 $(S_1, \omega_1, H_1), (S_2, \omega_2, H_2)$ に対して, 正準変換 $\varphi : (S_1, \omega_1) \longrightarrow (S_2, \omega_2)$ で, $H_1 = H_2 \circ \varphi$ となるものが存在するとき, それらは**同型**であるという. T_t^i を H_i に対するハミルトン流とするとき, $T_t^2 \circ \varphi = \varphi \circ T_t^1$ が成り立つ.

シンプレクティック多様体 (S, ω) 上の任意の滑らかな関数 F に対して, $(\mathrm{Grad}\ H)F = \omega(\mathrm{Grad}\ H, \mathrm{Grad}\ F)$ を (F, H) と表わし, F, H の**ポアソンの括弧式**という. 正準座標系を用いれば,

$$(F, H) = \sum_{i=1}^{n}\Big(\frac{\partial F}{\partial q_i}\frac{\partial H}{\partial p_i} - \frac{\partial F}{\partial p_i}\frac{\partial H}{\partial q_i}\Big)$$

リーマン多様体とシンプレクティック多様体

リーマン多様体とシンプレクティック多様体の定義には似たところがある．一方は対称なテンソル場であるリーマン計量，他方は 2 次の微分形式であるシンプレクティック形式を付加的構造としている．しかし，重大な違いが存在する．それは，シンプレクティック多様体は局所的には標準的なシンプレクティック形式をもつ $\mathbb{R}^{2n}$ と同一視されるが(ダルブーの定理)，リーマン多様体については，一般には標準的計量をもつ $\mathbb{R}^n$ と同一視されないからである．換言すれば，局所座標系 $(q_1, \cdots, q_n)$ で，座標近傍上で

$$g\left(\left(\frac{\partial}{\partial q_i}\right), \left(\frac{\partial}{\partial q_j}\right)\right) \equiv \delta_{ij} \tag{1.5}$$

となるものは一般に存在しない．なぜなら，本講座「物の理・数の理 2」1.2 節でみたように，このような局所座標系が存在するための必要十分条件は，曲率テンソルが座標近傍上で恒等的に 0 に等しくなることだからである．

なお，シンプレクティック多様体を一般化した概念として，$C^\infty(S)$ が次ページの演習問題 1.2 で述べる性質を満たすリー環の構造をもつような多様体を考えることができる．このような多様体をポアソン多様体という．

である．この式を用いることにより，ポアソンの括弧式により $C^\infty(S)$ がリー環となることが確かめられる．

例題 1.3 $[\mathrm{Grad}\ H, \mathrm{Grad}\ F] = -\mathrm{Grad}\ (H, F)$ を示せ．

【解】 ポアソンの括弧式に対するヤコビの恒等式

$$((H,F),G)+((F,G),H)+((G,H),F)=0$$

に次式を代入すればよい．

$$((H,F),G) = -\big(\mathrm{Grad}\ (H,F)\big)G,$$
$$((F,G),H) = \big(\mathrm{Grad}\ H\big)\big(F,G\big) = -\big((\mathrm{Grad}\ H)(\mathrm{Grad}\ F)\big)G,$$
$$((G,H),F) = \big(\mathrm{Grad}\ F\big)\big(G,H\big) = \big((\mathrm{Grad}\ F)(\mathrm{Grad}\ H)\big)G$$

□

演習問題 1.2 $F, G, H \in C^\infty(S)$ に対して $(FG, H)=(F, H)G+F(G, H)$ が成り立つことを示せ.

F が H をハミルトニアンとするハミルトン流により不変であるための条件は, F, H がポアソンの括弧式に関して可換なこと, すなわち

$$(F, H) = (\mathrm{Grad}\ H)F = \frac{\mathrm{d}}{\mathrm{d}t}F(T_t(\boldsymbol{x})) = 0$$

となることである. $(H, H)=0$ であるから, とくに H 自身が不変である. これは, エネルギー保存則の一般化に他ならない. 一般に, $(H, F)=0$ となる F を, H に対する**不変(積分)量**という.

不変量が多ければ多いほど, ハミルトン流の軌道は狭い範囲に制限される. そこで, つぎのような定義を行う. ハミルトニアン H が**完全積分可能**あるいは**可積分**とは, ポアソンの括弧式に関して互いに可換な n 個の不変量 $F_1, \cdots, F_n$ で, S の稠密な開集合上で $dF_1 \wedge \cdots \wedge dF_n \neq 0$ となるものが存在することをいう.

例題 1.4 ω がハミルトン流に関して不変なこと $(T_t^*\omega=\omega)$ を示せ.

【解】 H をハミルトニアンとする. $\dfrac{\mathrm{d}}{\mathrm{d}t}T_t^*\omega=T_t^*\dfrac{\mathrm{d}}{\mathrm{d}s}\Big|_{s=0}T_s^*\omega$ であるから, $\dfrac{\mathrm{d}}{\mathrm{d}s}\Big|_{s=0}T_s^*\omega=0$ を示す. 正準座標系 $(p_1, \cdots, p_n, q_1, \cdots, q_n)$ を選べば, 座標近傍上で, つぎのように計算すればよい.

$$\frac{\mathrm{d}}{\mathrm{d}s}(p_i \circ T_s) = (p_i, H) = -\frac{\partial H}{\partial q_i}, \quad \frac{\mathrm{d}}{\mathrm{d}s}(q_i \circ T_s) = (q_i, H) = \frac{\partial H}{\partial p_i}$$

$$\Longrightarrow \quad \frac{\mathrm{d}}{\mathrm{d}s}T_s^*\omega = \sum_i d(p_i, H) \wedge dq_i + \sum_i dp_i \wedge d(q_i, H)$$

$$= -\sum_{ij}\frac{\partial^2 H}{\partial q_i \partial p_j}dp_j \wedge dq_i + \sum_{ij}\frac{\partial^2 H}{\partial p_i \partial q_j}dp_i \wedge dq_j = 0$$

□

N 個のシンプレクティック多様体 $(S_1,\omega_1),\cdots,(S_N,\omega_N)$ に対して，$S{=}S_1\times\cdots\times S_N$，$\omega{=}\pi_1^*\omega_1{+}\cdots{+}\pi_N^*\omega_N$ と置くことによりシンプレクティック多様体 (S,ω) が得られる．ここで，$\pi_i : S \longrightarrow S_i$ は射影を表わす．(S_i,ω_i) たちを (S,ω) の**成分**という．各成分 (S_i,ω_i) にハミルトニアン H_i が与えられたとき，$H{=}H_1\circ\pi_1{+}\cdots{+}H_N\circ\pi_N$ と置いて得られるハミルトン力学系 (S,ω,H) を $(S_1,\omega_1,H_1),\cdots,(S_N,\omega_N,H_N)$ たちの**独立結合系**という．簡単のため，$\omega{=}\omega_1{+}\cdots{+}\omega_N, H{=}H_1{+}\cdots{+}H_N$ のように表わす．(S,ω) 上の任意のハミルトニアン H を考えるときは，(S,ω,H) を単に**結合系**という．3.2 節で述べるように，結合系は分子の間で互いに相互作用する気体のモデルである(したがって，独立結合系は分子間に相互作用が存在しないような気体のモデルである)．

例 4　$(\mathbb{R}^2, dp\wedge dq)$ 上のつぎのようなハミルトニアン H_ν を，振動数 ν をもつ**1 次元の調和振動子**という．

$$H_\nu(p,q) = \frac{1}{2}p^2{+}2\pi^2\nu^2q^2$$

本講座「物の理・数の理 1」3.3 節で定義した調和振動子系に対して，そのハミルトニアンを H とする．

$$H(\boldsymbol{p},\boldsymbol{q}) = \sum_{i=1}^{N}\frac{1}{2m_i}\|\boldsymbol{p}_i\|^2{+}\frac{1}{2}\sum_{i,j=1}^{N}(\boldsymbol{q}_i{-}\boldsymbol{q}_i^0)K_{ij}(\boldsymbol{q}_j{-}\boldsymbol{q}_j^0)$$

であり，シンプレクティック多様体は $(T\mathbb{R}^{3N},\omega_0)$ である．$\nu_1,\cdots,\nu_{3N}$ を固有振動数とするとき，調和振動子系に対するハミルトン力学系 $(T\mathbb{R}^{3N},\omega_0,H)$ は $3N$ 個の 1 次元調和振動子 $(\mathbb{R}^2,dp\wedge dq,H_{\nu_1}),\cdots,(\mathbb{R}^2,dp\wedge dq,H_{\nu_{3N}})$ たちの独立結合系と同型である．すなわち，ハミルトン力学系としては，調和振動子系は固有振動数だけで定まり，しかも互いに相互作用しない「独立な」調和振動子に分解される．

1.3　コルテヴェーク-ド・フリース方程式

ハミルトン形式により表現できる非線型偏微分方程式の例を挙げよう．

実数値関数 $u(t,x)$ $(-\infty<t,x<\infty)$ に関する非線形方程式

$$\frac{\partial u}{\partial t}=3uu_x-\frac{1}{2}u_{xxx} \qquad \left(u_x=\frac{\partial u}{\partial x}, u_{xx}=\frac{\partial^2 u}{\partial x^2}, \cdots\right)$$

を**コルテヴェーク-ド・フリース方程式**(**KdV 方程式**)という．この特異な形をした方程式は，1834 年にスコット-ラッセルが観測した長い浅い運河における「孤立波」の満たす非線型波動方程式として，1845 年にコルテヴェーク(Korteweg)とド・フリース(de Vries)によって与えられた．この方程式は長く忘れ去られていたが，1960 年代になって，「完全積分可能(可積分)系」の理論が展開されるようになり，無限次元のハミルトン力学系として見直された．

ここでは，周期条件 $u(t,x+1)=u(t,x)$ の下で考察する．よって，$u(t,\cdot)$ は円周 $S^1=\mathbb{R}/\mathbb{Z}$ 上の関数である．$u\in C^\infty(S^1)$ に対して，KdV 方程式の解 $u(t,\cdot)\in C^\infty(S^1)$ で初期条件 $u(0,x)=u(x)$ を満たすものが唯一存在する(A. Sjöberg(1970))．$K_t: C^\infty(S^1)\longrightarrow C^\infty(S^1)$ を $K_tu(x)=u(t,x)$ により定義すれば，$K_sK_t=K_{s+t}$ が成り立つ．$\{K_t\}_{-\infty<t<\infty}$ を **KdV 流**という．$C^\infty(S^1)$ 上の汎関数 $F=F(u)$ は，$F(K_tu)=F(u)$ $(t\in\mathbb{R})$ を満たすとき，**KdV 不変量**といわれる．

演習問題 1.3　つぎの汎関数は KdV 不変量であることを示せ．

$$\int_0^1 u(x)\,\mathrm{d}x, \quad \frac{1}{2}\int_0^1 u(x)^2\mathrm{d}x, \quad \int_0^1 \left(\frac{1}{2}u(x)^3+\frac{1}{4}(u_x)^2\right)\mathrm{d}x$$

KdV 流は，“無限次元ハミルトン”流であることをみよう．$V=\left\{u \in C^\infty(S^1);\ \int_0^1 u(x)\mathrm{d}x=0\right\}$ と置く．$u \in V$ のフーリエ級数展開 $u(x)=\sum_{-\infty}^{\infty} u_n \mathrm{e}^{2\pi\sqrt{-1}nx}$ を考える．フーリエ係数 u_n は $u_n=\int_0^1 u(x)\mathrm{e}^{-2\pi\sqrt{-1}nx}\mathrm{d}x$ により与えられる．$\overline{u}_n=u_{-n}$，$u_0=0$ に注意すれば，$u_n=p_n+\sqrt{-1}\pi n q_n$ と置くとき，$p_n=p_{-n}$，$q_n=-q_{-n}$，$p_0=q_0=0$ である．よって，V 上の汎関数 H は形式的に，無限変数 $p_1, p_2, \cdots, q_1, q_2, \cdots$ の関数と考えられる．そこで $p_1, p_2, \cdots, q_1, q_2, \cdots$ を正準座標と考えることにしよう．以下，汎関数としては，

$$H(u) = \int_0^1 f(u, u_x, u_{xx}, \cdots)\,\mathrm{d}x \tag{1.6}$$

の形のものを考える．H の汎関数微分 $\dfrac{\delta H}{\delta u}$ は

$$\left.\frac{\mathrm{d}}{\mathrm{d}\alpha}\right|_{\alpha=0} H(u_\alpha) = \int_0^1 \frac{\delta H}{\delta u}\left.\frac{\partial u}{\partial \alpha}\right|_{\alpha=0}\mathrm{d}x$$

により定義されることを思い出そう．上の形の汎関数の場合にはつぎのように表わされる．

$$\frac{\delta H}{\delta u} = \frac{\partial f}{\partial u} - \frac{\partial}{\partial x}\frac{\partial f}{\partial u_x} + \frac{\partial^2}{\partial x^2}\frac{\partial f}{\partial u_{xx}} - \cdots$$

例 5　$H(u)=\int_0^1 \left(\frac{1}{2}u^3+\frac{1}{4}(u_x)^2\right)\mathrm{d}x$ に対しては，$\dfrac{\delta H}{\delta u}=\dfrac{3}{2}u^2-\dfrac{1}{2}u_{xx}$ となる．

例題 1.5　方程式 $\dfrac{\partial u}{\partial t}=\dfrac{\mathrm{d}}{\mathrm{d}x}\dfrac{\delta H}{\delta u}$ は，つぎのハミルトン方程式に同値であることを示せ．

$$\frac{\mathrm{d}q_n}{\mathrm{d}t}=\frac{\partial H}{\partial p_n},\quad \frac{\mathrm{d}p_n}{\mathrm{d}t}=-\frac{\partial H}{\partial q_n}$$

【解】 まず $\dfrac{\delta H}{\delta u}$ のフーリエ展開を求める．

$$\frac{\partial u}{\partial p_n}=\frac{\partial}{\partial p_n}(\sum_k u_k \mathrm{e}^{2\pi\sqrt{-1}kx})=\sum_k\frac{\partial u_k}{\partial p_n}\mathrm{e}^{2\pi\sqrt{-1}kx}$$
$$=\mathrm{e}^{2\pi\sqrt{-1}nx}+\mathrm{e}^{-2\pi\sqrt{-1}nx},$$
$$\frac{\partial u}{\partial q_n}=\sqrt{-1}\pi n\,\mathrm{e}^{2\pi\sqrt{-1}nx}-\sqrt{-1}\pi n\,\mathrm{e}^{-2\pi\sqrt{-1}nx}$$
$$\Longrightarrow\quad \frac{\partial H}{\partial p_n}=\int_0^1\frac{\delta H}{\delta u}\frac{\partial u}{\partial p_n}\,\mathrm{d}x=\int_0^1\frac{\delta H}{\delta u}(\mathrm{e}^{2\pi\sqrt{-1}nx}+\mathrm{e}^{-2\pi\sqrt{-1}nx})\,\mathrm{d}x,$$
$$\frac{\partial H}{\partial q_n}=\int_0^1\frac{\delta H}{\delta u}\sqrt{-1}\pi n(\mathrm{e}^{2\pi\sqrt{-1}nx}-\mathrm{e}^{-2\pi\sqrt{-1}nx})\,\mathrm{d}x$$
$$\Longrightarrow\quad \sqrt{-1}\pi n\frac{\partial H}{\partial p_n}-\frac{\partial H}{\partial q_n}=2\pi\sqrt{-1}n\int_0^1\frac{\delta H}{\delta u}\mathrm{e}^{-2\pi\sqrt{-1}nx}\mathrm{d}x$$

を得る．こうして，

$$\frac{\delta H}{\delta u}=\sum_{n\neq 0}\frac{1}{2}\Big(\frac{\partial H}{\partial p_n}+\frac{\sqrt{-1}}{\pi n}\frac{\partial H}{\partial q_n}\Big)\mathrm{e}^{2\pi\sqrt{-1}nx},$$
$$\frac{\mathrm{d}}{\mathrm{d}x}\frac{\delta H}{\delta u}=\sum_n n\pi\Big(\sqrt{-1}\frac{\partial H}{\partial p_n}-\frac{1}{\pi n}\frac{\partial H}{\partial q_n}\Big)\mathrm{e}^{2\pi\sqrt{-1}nx}$$

一方，

$$\frac{\mathrm{d}}{\mathrm{d}t}u(t,x)=\sum_n\Big(\frac{\mathrm{d}p_n}{\mathrm{d}t}+\sqrt{-1}\pi n\frac{\mathrm{d}q_n}{\mathrm{d}t}\Big)\mathrm{e}^{2\pi\sqrt{-1}nx}$$

であるから，上式と較べれば主張を得る． □

注意

$$(F,H)=\sum_{n=1}^{\infty}\Big(\frac{\partial F}{\partial q_n}\frac{\partial H}{\partial p_n}-\frac{\partial F}{\partial p_n}\frac{\partial H}{\partial q_n}\Big)=\frac{\mathrm{d}}{\mathrm{d}t}F(p(t),q(t))$$
$$=\frac{\mathrm{d}}{\mathrm{d}t}F(u(t))=\int_0^1\frac{\delta F}{\delta u}\frac{\partial u}{\partial t}\,\mathrm{d}x=\int_0^1\frac{\delta F}{\delta u}\frac{\mathrm{d}}{\mathrm{d}x}\frac{\delta H}{\delta u}\,\mathrm{d}x$$

よって，ポアソンの括弧式はつぎのように与えられる．

$$(F,H)=\int_0^1\frac{\delta F}{\delta u}\frac{\mathrm{d}}{\mathrm{d}x}\frac{\delta H}{\delta u}\,\mathrm{d}x$$

例 6 汎関数 $H(u)=\int_0^1\Big(\frac{1}{2}u^3+\frac{1}{4}(u_x)^2\Big)\mathrm{d}x$ に対して，$\dfrac{\mathrm{d}}{\mathrm{d}x}\dfrac{\delta H}{\delta u}=3uu_x$

$-\dfrac{1}{2}u_{xxx}$ となるから，KdV 流は，ハミルトニアン H に対するハミルトン流に他ならない．

例題 1.6 $L(t)=-\dfrac{\mathrm{d}^2}{\mathrm{d}x^2}+u(t,x)$，$B=2\dfrac{\mathrm{d}^3}{\mathrm{d}x^3}-\dfrac{3}{2}u\dfrac{\mathrm{d}}{\mathrm{d}x}-\dfrac{3}{2}\dfrac{\mathrm{d}}{\mathrm{d}x}u$ と置くとき，もし $u(t,x)$ が KdV 方程式の解ならば，$\dot{L}=[L,B]$ が成り立つことを示せ．

【解】 右辺を変形する．$Du=u_x$ と置くとつぎのように変形される．

$$
\begin{aligned}
&\left[-D^2+u,\,2D^3-\frac{3}{2}uD-\frac{3}{2}Du\right]\\
&= -2D^5+\frac{3}{2}D^2uD+\frac{3}{2}D^3u+2uD^3\\
&\quad -\frac{3}{2}u^2D-\frac{3}{2}uDu+2D^5\\
&\quad -\frac{3}{2}uD^3-\frac{3}{2}DuD^2-2D^3u+\frac{3}{2}uDu+\frac{3}{2}Du^2\\
&= \frac{1}{2}uD^3-\frac{1}{2}D^3u+\frac{3}{2}(D^2uD-DuD^2)+\frac{3}{2}(Du^2-u^2D)\\
&= 3uu_x-\frac{1}{2}u_{xxx}
\end{aligned}
$$

□

B は歪対称な作用素であるから，この例題により，$u(t,x)$ が KdV 方程式の解であるとき，L_t は L_0 にユニタリ同値であることが結論される．とくに，L_t の固有値は t に関して不変である(本講座「物の理・数の理 2」例題 2.6 参照)．

課題 1.3 周期境界条件に関する $L=-\dfrac{\mathrm{d}^2}{\mathrm{d}x^2}+u(x)$ の固有値を，重複度も込めて $\lambda_0\le\lambda_1\le\lambda_2\le\cdots$ とするとき，$-L$ により生成される半群 e^{-tL} $(t>0)$ の跡は，$t\downarrow 0$ における漸近展開

$$\mathrm{tr}\ \mathrm{e}^{-tL}=\sum_{i=0}^{\infty}\mathrm{e}^{-\lambda_i t}\sim(4\pi t)^{-1/2}\left(a_0+a_1t+a_2t^2+\cdots\right)$$

をもつことを示せ．各係数 a_i は(1.6)の形の汎関数であり，しかも KdV 不変量であって，ポアソンの括弧式に関して互いに可換であることを示せ([2])．

1.4 運動量写像

ニュートン力学では，運動量と角運動量の概念が重要な役割を果たしているが，ハミルトン力学系の設定の下での一般化を行うことにより，それらは相空間の「対称性」に根ざすものであることをみよう．

一般に，群 G の集合 S への**作用**は，写像 $\varphi : G\times S \longrightarrow S$ でつぎの性質を満たすものである．

$$\varphi(g_1, \varphi(g_2, x)) = \varphi(g_1 g_2, x), \quad (g_1, g_2 \in G,\ x \in S),$$
$$\varphi(1, x) = x, \qquad (1 \text{ は } G \text{ の単位元})$$

$g \in G$ に対して，写像 $x \mapsto \varphi(g, x)$ は X からそれ自身への全単射である．この全単射を $\rho(g)$ により表わすとき，$\rho : G \longrightarrow \mathcal{S}(X)$ は G から X の対称群への準同型である．ρ が単射であるとき，**効果的作用**という．もし，任意の 2 元 $x, y \in X$ について，$\varphi(g, x)=y$ となる $g \in G$ が存在するとき，**推移的作用**という．

G がリー群，S が多様体，φ が滑らかな写像であるときは，滑らかな作用という．

例 7

（1）アフィン空間 A のモデル L はベクトル和に関する加法群として，$\varphi(\boldsymbol{u}, p)=p+\boldsymbol{u}$ により A に作用する．

（2）一般線形群 $GL_n(\mathbb{R})$（とその任意の部分群）は $\mathbb{R}^n$ に，$\varphi(A, \boldsymbol{x})=A\boldsymbol{x}$ とすることにより作用する．

以下，滑らかな作用のみを考え，見やすさのために，$\varphi(g, x)$ を gx により表わそう．$\mathfrak{g}$ を G のリー環とする（本講座「物の理・数の理 2」2.3 節）．

ラックス方程式

剛体の自由運動やその一般化である両側不変なリーマン計量をもつリー群上の測地線，さらに上で述べた KdV 方程式に，$\dot{L}=[L,B]$ の形の方程式が登場した．一般に，このような方程式を**ラックス方程式**という．多くの完全積分可能なハミルトン力学系に対して，ラックス方程式を構成することが可能であることが知られている．とくに，L,B が行列の場合には，$\mathrm{tr}\,L^n$ は時間径数 t に関して不変であり，不変積分量は，このような方法で求められる．さらに，多くの重要な例については，(超)楕円関数を用いて，ハミルトン方程式の解を具体的に表現できる．

ここで，ラックス方程式と同値になるハミルトン力学系の例を 1 つ挙げておこう．$\mathbb{R}^{2n}$ 上で，ハミルトニアン

$$H = \frac{1}{2}\sum_{k=1}^{n} p_k^2 + \mathrm{e}^{q_1-q_2} + \cdots + \mathrm{e}^{q_{n-1}-q_n}$$

を考える(これを**戸田格子**のハミルトニアンという)．

$a_k=\dfrac{1}{2}\mathrm{e}^{\frac{1}{2}(q_k-q_{k+1})}$, $b_k=\dfrac{1}{2}p_k$ と置くと，ハミルトンの微分方程式は，

$$\dot{a}_k = a_k(b_k-b_{k+1}), \quad \dot{b}_k = 2(a_{k-1}^2-a_k^2)$$

と同値である．そこで，行列

$$L = \begin{pmatrix} b_1 & a_1 & & 0 & 0 \\ a_1 & b_2 & & 0 & 0 \\ & & \ddots & & \\ 0 & 0 & & b_{n-1} & a_{n-1} \\ 0 & 0 & & a_{n-1} & b_n \end{pmatrix}, \quad B = \begin{pmatrix} 0 & -a_1 & & 0 & 0 \\ a_1 & 0 & & 0 & 0 \\ & & \ddots & & \\ 0 & 0 & & 0 & -a_{n-1} \\ 0 & 0 & & a_{n-1} & 0 \end{pmatrix}$$

と置くと，上記の方程式は，$\dot{L}=[B,L]$ と表わされる．

$\mathfrak{g}$ から S 上のベクトル場のなすリー環 $\mathfrak{X}(S)$ への線形写像 $X \mapsto X_S$ が

$$X_S(x) = \left.\frac{\mathrm{d}}{\mathrm{d}t}\right|_{t=0} \exp(tX)x$$

と置くことにより定義される．この写像はリー環の「反」準同

型写像である．すなわち

$$[X,Y]_S=[Y_S,X_S],\quad (X,Y\in\mathfrak{g}) \tag{1.7}$$

を満たす．これを示すために，

$$\begin{aligned}(\mathrm{Ad}_g(X))_S(x)&=\left.\frac{\mathrm{d}}{\mathrm{d}t}\right|_{t=0}\exp\left(\mathrm{Ad}_g(tX)\right)x\\&=\left.\frac{\mathrm{d}}{\mathrm{d}t}\right|_{t=0}g(\exp tX)g^{-1}x\\&=g_*\big(X_S(g^{-1}x)\big)\end{aligned}$$

に注意する．ここで，$g=\exp sY$ と置き，本講座「物の理・数の理 2」2.3 節(2.11)により

$$\big(\exp\left(s\ \mathrm{ad}_Y\right)X\big)_S(x)=(\varphi_s)_*\big(X_S(\varphi_{-s}x)\big),$$
$$(\varphi_s=\mathrm{Exp}\ sY)$$

を得るから，この両辺を s により微分し，$s=0$ とすれば本講座「物の理・数の理 2」1.1 節例題 1.5 の結果を用いて，左辺は $[Y,X]_S(x)$，右辺は $-[Y_S,X_S](x)$ となるから(1.7)が導かれる．

(S,ω) を連結なシンプレクティック多様体としよう．ω を不変にする G の S への作用が与えられ(すなわち，G の各元は正準変換として S に作用)，$\mathfrak{g}$ から $C^\infty(S)$ への線形写像 $\mathcal{M}$ が存在して，

$$\mathrm{Grad}\ \mathcal{M}(X)=X_S,\qquad (X\in\mathfrak{g})$$

が成り立つと仮定しよう．このとき，S から $\mathfrak{g}$ の双対線形空間 $\mathfrak{g}^*$ への写像 $\mathcal{M}^*:S\longrightarrow\mathfrak{g}^*$ が

$$\langle\mathcal{M}^*(x),X\rangle=\mathcal{M}(X)(x)$$

と置くことにより定義される．$\mathcal{M}^*$ を運動量写像という．$\mathcal{M}$ については，(1.7)と(1.3)により

$$\begin{aligned}\operatorname{Grad}(\mathcal{M}(X),\mathcal{M}(Y)) &= -[\operatorname{Grad}\mathcal{M}(X),\operatorname{Grad}\mathcal{M}(Y)]\\ &= -[X_S,Y_S]=[X,Y]_S\\ &= \operatorname{Grad}(\mathcal{M}([X,Y])\end{aligned}$$

が成り立つが，$\mathcal{M}$ は一般にはリー環の準同型ではない．

演習問題 1.4

（1）$\theta(X,Y)=\mathcal{M}([X,Y])-(\mathcal{M}(X),\mathcal{M}(Y))$ と置くと，$\theta(X,Y)$ は定数関数であることを示せ．

（2）$\theta([X,Y],Z)+\theta([Y,Z],X)+\theta([Z,X],Y)=0$ を示せ．

〔ヒント〕(1)は，$\operatorname{Grad} F=0$ から F が定数となることが導かれることを使う．(2)はヤコビの恒等式の帰結である．

例 8

（1）$G=SO(3)$, $S=T^*\mathbb{R}^3=\mathbb{R}^3\times\mathbb{R}^3$ とする(ただし，はじめの $\mathbb{R}^3$ は標準的計量を使って $(\mathbb{R}^3)^*$ と同一視する)．$SO(3)$ は $A(p,q)=(Ap,Aq)$ $(A\in SO(3))$ により作用する．$SO(3)$ のリー環 $so(3)$ は交代行列のなすリー環であり，ベクトル積を演算としてもつリー環 $\mathbb{R}^3$ と同一視されることを思い出そう(本講座「物の理・数の理 1」1.2 節，例題 1.4)．$X\in so(3)$ に対して，$X_S(\boldsymbol{p},\boldsymbol{q})=(X\boldsymbol{p},X\boldsymbol{q})$ であることは容易に分かる．よって，

$$(\mathcal{M}(X))(\boldsymbol{p},\boldsymbol{q})=\boldsymbol{p}\cdot X\boldsymbol{q}=\boldsymbol{p}\cdot(\boldsymbol{x}\times\boldsymbol{q})$$

と置けば($\boldsymbol{x}\in\mathbb{R}^3$ は X に対応するベクトル)，$\operatorname{Grad}\mathcal{M}(X)=X_S$ となることが計算で確かめられる．$\boldsymbol{p}\cdot(\boldsymbol{x}\times\boldsymbol{q})=\boldsymbol{x}\cdot(\boldsymbol{q}\times\boldsymbol{p})$ であるから，$\mathcal{M}^*(\boldsymbol{p}\times\boldsymbol{q})=\boldsymbol{q}\times\boldsymbol{p}$ となり，$\boldsymbol{p}=m\dot{\boldsymbol{q}}$ に注意すれば，$\mathcal{M}^*(\boldsymbol{p},\boldsymbol{q})$ が 1 質点の角運動量に他ならないことが分かる．

（2）$G=\mathbb{R}^3$ とし，G の $S=T^*\mathbb{R}^3=\mathbb{R}^3\times\mathbb{R}^3$ への作用を，$(\boldsymbol{p},\boldsymbol{q})\mapsto(\boldsymbol{p},\boldsymbol{q}+\boldsymbol{x})$ により定義する．G のリー環 $\mathfrak{g}$ は $\mathbb{R}^3$ であり，$X=\boldsymbol{x}\in\mathfrak{g}$ に対

して，$X_S(\boldsymbol{p},\boldsymbol{q})=(\boldsymbol{0},\boldsymbol{x})$ となるから，$\mathcal{M}(X)(\boldsymbol{p},\boldsymbol{q})=\boldsymbol{p}\cdot\boldsymbol{x}$ と置けば，Grad $\mathcal{M}(X)=X_S$ である．よって，$\mathcal{M}^*(\boldsymbol{p},\boldsymbol{q})=\boldsymbol{p}$ となり，これは運動量に他ならない．

課題 1.4 $\mathcal{H}$ を複素数体 $\mathbb{C}$ 上の有限次元計量線形空間とし，$\boldsymbol{P}(\mathcal{H})$ により像が 1 次元であるような直交射影作用素 $P:\mathcal{H}\longrightarrow\mathcal{H}$ の全体，すなわち，

$$\boldsymbol{P}(\mathcal{H})=\{P:\mathcal{H}\longrightarrow\mathcal{H};\ P^*=P=P^2,\ \dim\,(\mathrm{Image}\ P)=1\}$$

とする．

(1) $\boldsymbol{P}(\mathcal{H})$ は，$\mathcal{H}$ のエルミート作用素($A^*=A$ を満たす線形作用素)のなす $\mathbb{R}$ 上の線形空間 L の部分多様体であることを示せ．さらに，$\boldsymbol{P}(\mathcal{H})$ の P における接空間 $T_P\boldsymbol{P}(\mathcal{H})$ は L の部分空間 $\{A\in L;\ AP+PA=P\}$ と同一視されることを示せ．

(2) $\boldsymbol{P}(\mathcal{H})$ 上の 2 次の微分形式 ω を

$$\omega(A,B)=\sqrt{-1}\,\mathrm{tr}\left(P[A,B]\right),\quad (A,B\in T_P\boldsymbol{P}(\mathcal{H})\subset L)$$

により定めるとき，ω は $\boldsymbol{P}(\mathcal{H})$ 上のシンプレクティック形式であることを示せ．

(3) $U(\mathcal{H})$ を $\mathcal{H}$ のユニタリ変換からなる群(ユニタリ群)とするとき，$U(\mathcal{H})$ の $\boldsymbol{P}(\mathcal{H})$ への作用を $P\mapsto TPT^*$, $(T\in U(\mathcal{H}))$ により定めれば，$U(\mathcal{H})$ は $\boldsymbol{P}(\mathcal{H})$ に推移的に作用することを示せ．

(4) $U(\mathcal{H})$ はシンプレクティック多様体 $(\boldsymbol{P}(\mathcal{H}),\omega)$ に正準変換として作用することを示せ．さらに，L の計量(内積)を $\langle A,B\rangle=\mathrm{tr}\,AB$ により定め，これを $\boldsymbol{P}(\mathcal{H})$ に制限することにより得られるリーマン計量を g と置くとき，$U(\mathcal{H})$ は $(\boldsymbol{P}(\mathcal{H}),g)$ に等距離変換として作用することを示せ．

(5) リー群 $U(\mathcal{H})$ のリー環は $\mathcal{H}$ の歪エルミート作用素($A^*=-A$ を満たす線形作用素)のなす交換子積に関するリー環 $\mathfrak{u}(\mathcal{H})$ であることを示し，$X\in\mathfrak{u}(\mathcal{H})$ に対して，$X_S(P)=[X,P]$, $(S=\boldsymbol{P}(\mathcal{H}))$ であることを示せ．

(6) $\big(\mathcal{M}(X)\big)(P)=\sqrt{-1}\,\mathrm{tr}\,(PXP)$ と置くとき，$\mathrm{Grad}\,\mathcal{M}(X)=X_S$ が成り立つことを示せ．さらに，$\big(\mathcal{M}(X),\mathcal{M}(Y)\big)=\mathcal{M}\big([X,Y]\big)$ が成り立つことを示せ．

(7) $\mathcal{M}(X)$ をハミルトニアンとする力学系は完全積分可能であることを示せ．

〔ヒントと注意〕 $\boldsymbol{P}(\mathcal{H})$ は(複素)**射影空間**とよばれる(複素)多様体である．実際，$\mathcal{H}$ が $N+1$ 次元であるとき，$\boldsymbol{P}(\mathcal{H})$ は $\mathbb{C}^{N+1}$ の 1 次元部分空間(複素直線)全体である N 次元複素射影空間 $\boldsymbol{P}^N(\mathbb{C})$ と同一視される．g は $\boldsymbol{P}^N(\mathbb{C})$ 上の標準的計量であるフビニ-スタディ計量とよばれる計量に一致し，ω はそのケーラー形式とよばれるものに等しい．また，$(z_1,\cdots,z_N)\in\mathbb{C}^N$ に対して，$(z_1,\cdots,z_N,1)$ を通る複素直線を対応させることにより，$\boldsymbol{P}^N(\mathbb{C})$ の局所複素座標系が得られるが，この座標系に関して

$$\omega=\frac{\sqrt{-1}}{2}\sum_{i,j=1}^{N}\frac{\partial^2}{\partial z_i\partial\overline{z}_j}\log\,(1+\|z\|^2)dz_i\wedge d\,\overline{z}_j$$

が成り立つ(記号とくわしい解説については，[3]を参照せよ)．

$U(\mathcal{H})$ は $\boldsymbol{P}(\mathcal{H})$ に効果的には作用しない．そこで，$U(1)=\{z\in\mathbb{C};\,|z|=1\}$ と置き，$z\in U(1)$ に $zI\in U(\mathcal{H})$,（I は $\mathcal{H}$ の恒等写像）を対応させて，$U(\mathcal{H})$ の正規部分群とみなし，商群 $PU(\mathcal{H})=U(\mathcal{H})/U(1)$ を考える．$PU(\mathcal{H})$ は $\boldsymbol{P}(\mathcal{H})$ に効果的に作用する．$PU(\mathcal{H})$ を**射影ユニタリ群**という．(6)を示すには，X の互いに直交する単位固有ベクトルによる $\mathcal{H}$ の基底 $\boldsymbol{e}_1,\cdots,\boldsymbol{e}_{N+1}$ をとり，これが定める $\mathcal{H}$ の座標系を $(w_1,\cdots,w_{N+1})$ とする．$U(1)$ の $N+1$ 個の直積 $U(1)\times\cdots\times U(1)$ の $\mathcal{H}$ への作用を

$$(z_1,\cdots,z_{N+1})(w_1,\cdots,w_{N+1})=(z_1w_1,\cdots,z_{N+1}w_{N+1})$$

により定めれば，これが $\boldsymbol{P}(\mathcal{H})$ に誘導する作用は X と可換であることから主張が導かれる．

$P\in\boldsymbol{P}(\mathcal{H})$ を $\mathcal{H}$ の単位ベクトル $\boldsymbol{x}_0$ により $P(\boldsymbol{x})=\langle\boldsymbol{x},\boldsymbol{x}_0\rangle\boldsymbol{x}_0$ と表わすとき，$\mathrm{tr}\,(PXP)=\langle X\boldsymbol{x}_0,\boldsymbol{x}_0\rangle$ であることに注意．一般に，像が n 次元($1\leq n<\dim\,\mathcal{H}$)であるような直交射影作用素の全体(**グラスマン多様体**)を考えても，課題に述べたことはまったく同様に成り立つ．

最後に，運動量保存則や角運動量保存則の運動量写像による定式化を例題として述べよう．

例題 1.7（ネーターの定理） H を G の作用で不変なハミルトニアンとする．このとき，H に対するハミルトン流 T_t により運動量写像 $\mathcal{M}^*$ は不変であること（$\mathcal{M}^* \circ T_t = \mathcal{M}^*$）を示せ．

【解】 任意の $X \in \mathfrak{g}$ に対して，$\mathcal{M}(X)(T_t x)$ が t に関して一定であることを示せばよい．これは

$$X_S H = \frac{\mathrm{d}}{\mathrm{d}t}\Big|_{t=0} H\big((\exp tX)x\big) = 0$$

であることから

$$\frac{\mathrm{d}}{\mathrm{d}t}\mathcal{M}(X)(T_t x) = -\big[\big(\mathrm{Grad}\ \mathcal{M}(X)\big)H\big](T_t x) = -(X_S H)(T_t x) = 0$$

となることによる． □

2
リュウビル測度と分配関数

リーマン多様体がリーマン計量から定まる自然な体積要素をもつように，シンプレクティック多様体もシンプレクティック形式から定まる自然な体積要素をもつ．しかも，正準座標によりこの体積要素を表わせば，局所的にはユークリッド空間のルベーグ測度に一致する．さらに，ハミルトニアン H が与えられたとき，超曲面 $H^{-1}(e)$ にも自然な体積要素が定義される．本章では，これらの体積要素を用いて，統計力学の数学的設定において重要な役割を果たす状態密度と分配関数の概念を導入する．

■2.1　リュウビル測度

(S,ω,H) をハミルトン力学系とし，$\dim S=2n$ とする．シンプレクティック形式 ω の n 個の外積 $\omega\wedge\cdots\wedge\omega$ を Ω と置こう．Ω は $2n$ 次の微分形式であり，正準座標 $(p_1,\cdots,p_n,q_1,\cdots,q_n)$ を用いれば，$\Omega=(-1)^{\frac{n(n+1)}{2}}dp_1\wedge\cdots\wedge dp_n\wedge dq_1\wedge\cdots\wedge dq_n$ となるから，Ω は S 上の体積要素である．さらに例題 1.4 により Ω は S 上のハミルトン流に関して不変である．この体積要素が定める S 上の測度を**リュウビル測度**といい，$\mathrm{d}\Omega$ により表わす．

演習問題 2.1 $\mathrm{d}\Omega = dp_1 \cdots dp_n dq_1 \cdots dq_n$ であることと，部分積分を使って

$$\int_S (F,G)H \ \mathrm{d}\Omega = \int_S G(H,F) \ \mathrm{d}\Omega$$

を示せ．ただし，F, G, H はコンパクトな台をもつ S 上の関数である．

$e \in \mathbb{R}$ に対して，$\Sigma_e = H^{-1}(e)$ をエネルギー e の**等エネルギー面**という．ハミルトン流は，Σ_e を不変にする．Σ_e は一般に特異点をもち，多様体にはならないが，仮定「ある正の数 ϵ が存在して，$H^{-1}((e-\epsilon, e+\epsilon))$ 上では，$dH \neq 0$」を置くとき，陰関数定理により，Σ_e は S の $2n-1$ 次元部分多様体である．

つぎの例題は，統計力学の理論において重要である（第3章）．

例題 2.1 仮定の下で，つぎのことを示せ．

(1) Σ_e の各点 p の S における近傍上で，$\Omega = dH \wedge \theta$ を満たす $2n-1$ 次形式 θ が存在する．

(2) $i_e : \Sigma_e \longrightarrow S$ を包含写像とする．Σ_e 上の局所的に定義された $2n-1$ 次微分形式 $\Omega_e = i_e^* \theta$ は，$\Omega = dH \wedge \theta$ を満たす θ のとり方によらずに定まる．とくに，Ω_e は大域的な微分形式である．

(3) Ω_e は Σ_e 上の，ハミルトン流で不変な体積要素である．

【解】

(1) 陰関数定理を使えば，p の周りの局所座標系 $(x_1, \cdots, x_{2n})$ で，$H = x_1$ となるものが存在する．$\Omega = f \ dH \wedge dx_2 \wedge \cdots \wedge dx_{2n}$ と表わすとき，$\theta = f \ dx_2 \wedge \cdots \wedge dx_{2n}$ と置けばよい．

(2) $\Omega = dH \wedge \theta_1 = dH \wedge \theta_2$ とする．$\theta_1 - \theta_2 = dH \wedge \eta + g \ dx_2 \wedge \cdots \wedge dx_{2n}$ と表わすとき，$0 = dH \wedge (\theta_1 - \theta_2) = g \ dH \wedge dx_2 \wedge \cdots \wedge dx_{2n}$ であるから，$\theta_1 - \theta_2 = dH \wedge \eta$ となり，$i_e^*(\theta_1 - \theta_2) = i_e^* dH \wedge i_e^* \eta = 0$.

(3) (1)で構成した θ を用いれば，$(x_2, \cdots, x_{2n})$ が Σ_e の局所座標系になっていることから，θ_e がいたるところ 0 と異なることが分かる．$\Omega = T_t^* \Omega = dH \wedge T_t^* \theta$ より，(2)および $T_t \circ i_e = i_e \circ T_t$ であることを使

えば主張が得られる. □

等エネルギー面 $\Sigma_e = H^{-1}(e)$ 上で $dH \neq 0$ であるとき，例題 2.1 により，Σ_e 上の自然な体積要素 Ω_e が定まる．Ω_e から得られる Σ_e 上の測度 $\mathrm{d}\Omega_e$ を，**等エネルギー面 Σ_e 上のリュウビル測度**という．$\mathrm{d}\Omega_e$ は H の生成するハミルトン流に関して不変な測度である．Σ_e がコンパクトであるとき

$$\mathrm{vol}\,(\Sigma_e) = \int_{\Sigma_e} 1 \ \mathrm{d}\Omega_e$$

と置く.

2.2 状態密度

以下で扱うハミルトン力学系 (S, ω, H) は，つぎの性質を満足すると仮定する.

仮定 1 H は下に有界である.

仮定 2 任意の x に対して $\{\xi \in S;\ H(\xi) \leq x\}$ はコンパクトである.

この仮定の下で，積分

$$V_H(x) = \int_{H(\xi) \leq x} 1 \ \mathrm{d}\Omega(\xi)$$

は有限であり，$V_H(x)$ は x の増加関数である．関数 V_H を**積分状態密度**といい，その(超関数としての)微分 $\varphi_H = V_H'$ を(エネルギーの)**状態密度**という．上の仮定から，φ_H の台は区間 $[\min H, \infty)$ に含まれる．つぎの仮定は次節以降で使われる.

仮定 3 積分状態密度 V_H は，$x>0$ で滑らかであり，その任意の高階導関数を含めて，x に関して高々多項式増大

である．しかも，$V_H(x) \to \infty\ (x \to \infty)$ とする．

例題 2.2 $\Sigma_e = H^{-1}(e)$ 上で $dH \neq 0$ であるとき，$\mathbb{R}$ における e のある近傍上で，状態密度 φ_H は滑らかであり，しかもこの近傍上で $\varphi_H(\lambda) = \mathrm{vol}\,(\Sigma_\lambda)$ が成り立つことを示せ．実際，もっと一般に S 上の関数 f に対して次式が成り立つ．

$$\int_{\Sigma_e} f\ \mathrm{d}\Omega_e = \frac{\mathrm{d}}{\mathrm{d}\lambda}\Big|_{\lambda=e} \int_{H \leq \lambda} f\ \mathrm{d}\Omega$$

【解】 $\Omega = dH \wedge \eta$, $\Omega_e = i_e^* \eta$ であることから，

$$\int_S f\ \mathrm{d}\Omega = \int_{H \leq e-\epsilon} f\ \mathrm{d}\Omega + \int_{e-\epsilon}^{e+\epsilon} \mathrm{d}\lambda \int_{\Sigma_\lambda} f\ \mathrm{d}\Omega_\lambda + \int_{H > e+\epsilon} f\ \mathrm{d}\Omega$$

であることが分かる．ここで，ϵ は十分小さい正数とする．とくに，区間 $(e-\epsilon, e+\epsilon)$ に属する λ に対して

$$f_\lambda(\xi) = \begin{cases} f(\xi) & (H(\xi) \leq \lambda) \\ 0 & (H(\xi) > \lambda) \end{cases}$$

とすれば，

$$\int_{H \leq \lambda} f\ \mathrm{d}\Omega = \int_S f_\lambda \mathrm{d}\Omega = \int_{H \leq e-\epsilon} f\ \mathrm{d}\Omega + \int_{e-\epsilon}^{\lambda} \mathrm{d}\lambda \int_{\Sigma_\lambda} f\ \mathrm{d}\Omega_\lambda$$

であるから，両辺を微分すればよい． ▯

例題 2.3 $(S_1, \omega_1, H_1), \cdots, (S_N, \omega_N, H_N)$ の独立結合系 (S, ω, H) に対して $\varphi_H = \varphi_{H_1} * \cdots * \varphi_{H_N}$ が成り立つことを示せ．ここで，$*$ は**合成積**である．

$$(f * g)(x) = \int_{-\infty}^{\infty} f(x-y) g(y)\ \mathrm{d}y$$

【解】 $N=2$ の場合を示せば十分．$\mathbb{R}$ 上の関数 f に対して

$$\int_S f(H(\xi))\ \mathrm{d}\Omega(\xi) = \int_{-\infty}^{\infty} f(x) \varphi_H(x)\ \mathrm{d}x$$

であることに注意．

$$D(x) = \{(\xi_1, \xi_2) \in S_1 \times S_2;\ H_1(\xi_1) + H_2(\xi_2) \leq x\},$$
$$D_1(y) = \{\xi_1 \in S_1;\ H_1(\xi_1) \leq y\}$$

と置けば

$$\begin{aligned}V_H(x) &= \int_{D(x)} 1 \, \mathrm{d}\Omega_1(\xi_1)\mathrm{d}\Omega_2(\xi_2) \\ &= \int_{S_2} \mathrm{d}\Omega_2(\xi_2)\int_{D_1(x-H_2(\xi_2))} 1 \, \mathrm{d}\Omega_1(\xi_1) \\ &= \int_{S_2} \mathrm{d}\Omega_2(\xi_2) V_{H_1}(x-H_2(\xi_2)) \\ &= \int_{-\infty}^{\infty} V_{H_1}(x-y)\varphi_{H_2}(y)\, \mathrm{d}y\end{aligned}$$

であるから，両辺を微分すれば $\varphi_H = \varphi_{H_1} * \varphi_{H_2}$ を得る．□

上の証明を少し変更すれば，

$$\int_{D(x)} f(\xi_2)\, \mathrm{d}\Omega_1(\xi_1)\mathrm{d}\Omega_2(\xi_2) = \int_{S_2} f(\xi_2) V_{H_1}\big(x-H_2(\xi_2)\big)\, \mathrm{d}\Omega(\xi_2) \tag{2.1}$$

が得られる．

上で述べた仮定の下で，状態密度はつぎの性質を満たす．

(i) φ_H の(超関数としての)特異台は，$(-\infty, 0]$ に含まれる．

(ii) $\varphi_H(x)$ は，$x \uparrow \infty$ のとき，その任意の高階導関数も込めて高々多項式程度の増大をする．

φ_H の特異性に関する少々強い性質であるが，後で必要となるのでつぎの仮定も付け加えておく．

仮定 4　微分 φ'_H は局所的に可積分である(よって，φ_H は連続関数である)．

例 1　(M, g) をコンパクトなリーマン多様体とし，余接束 $S=T^*M$ をシンプレクティック多様体と考え，ハミルトニアン H としては

$$H = \frac{1}{2}\sum_{i,j=1}^{n} g^{ij}(q_1, \cdots, q_n)p_i p_j + u(q_1, \cdots, q_n)$$

をとる．ここで，行列 (g^{ij}) はリーマン計量を表わす対称行列 (g_{ij}) の逆行列を表わす．第 1 項が運動エネルギーに対応し，第 2 項は位置(ポテン

シャル)エネルギーに対応する．$u \leq 0$ であるとき，この例が上の仮定 1,2,3 を満たしていることは明らかである．u にさらに条件を付け加えれば，仮定 4 も満たす．

力学系 (T^*M, ω, H) は，つぎの意味で時間の反転に関して対称性をもつ．$\tau : T^*M \longrightarrow T^*M$ を $\tau(\xi)=-\xi$ により定義しよう．このとき，$H \circ \tau = H$ であり，H が生成するハミルトン流 T_t は，$T_{-t} \circ \tau = \tau \circ T_t$ を満たすことが容易に確かめられる．これが，時間の反転に関する対称性である．

■2.3 分配関数

統計力学において重要な役割を果たすのが**分配関数**の概念である．以下で考えるハミルトン力学系 (S, ω, H) は，前節で述べた仮定を満足するものとする．

ハミルトン力学系 (S, ω, H) に対して，$\lambda > 0$ の関数

$$Z_H(\lambda) = \int_S \mathrm{e}^{-\lambda H} \, \mathrm{d}\Omega$$

をハミルトニアン H に対する分配関数とよぶ．Z_H は区間 $(0, \infty)$ で有限な値をとる．分配関数は状態密度の**ラプラス変換**として，つぎのようにも表現される．

$$Z_H(\lambda) = \int_{-\infty}^{\infty} \mathrm{e}^{-\lambda x} \, \mathrm{d}V_H(x) = \int_{-\infty}^{\infty} \mathrm{e}^{-\lambda x} \varphi_H(x) \, \mathrm{d}x$$

また，(S_i, ω_i, H_i) の分配関数を $Z_{H_i}(\lambda)$ とするとき，結合系 (S, ω, H) の分配関数 $Z_H(\lambda)$ について $Z_H = Z_{H_1} \cdots Z_{H_N}$ が成り立つことが，分配関数の性質からただちに導かれる．さらにつぎの基本的性質を示すことができる．

（1）$Z_H(\lambda) \to \infty \quad (\lambda \to 0)$

（2）$Z_H(\lambda)$ は，$\lambda > 0$ において無限回微分可能であり，

$$Z_H^{(n)}(\lambda) = (-1)^n \int_S H^n \mathrm{e}^{-\lambda H}\, \mathrm{d}\Omega$$

である．

（3）$\lambda>0$ において，$\dfrac{\mathrm{d}^2}{\mathrm{d}\lambda^2}\log Z_H(\lambda)>0$ が成り立つ．

この中で(3)のみが自明ではないから，その証明を与えよう．

$$\frac{\mathrm{d}^2}{\mathrm{d}\lambda^2}\log Z_H(\lambda) = \frac{\mathrm{d}}{\mathrm{d}\lambda}\frac{Z'_H}{Z_H} = \frac{Z_H Z''_H - (Z'_H)^2}{Z_H^2}$$

であり，

$$\begin{aligned}
&\int_{-\infty}^{\infty}\left(x+\frac{Z'_H}{Z_H}\right)^2 \mathrm{e}^{-\lambda x}\, \mathrm{d}V_H(x)\\
&\quad = \int_{-\infty}^{\infty}\left(x^2+2x\frac{Z'_H}{Z_H}+\frac{(Z'_H)^2}{Z_H^2}\right)\mathrm{e}^{-\lambda x}\, \mathrm{d}V_H(x)\\
&\quad = Z''_H - 2Z'_H\frac{Z'_H}{Z_H}+\frac{(Z'_H)^2}{Z_H^2}Z_H = Z''_H - \frac{(Z'_H)^2}{Z_H}
\end{aligned}$$

であるから，

$$\frac{\mathrm{d}^2}{\mathrm{d}\lambda^2}\log Z_H(\lambda) = \frac{1}{Z_H}\int_{-\infty}^{\infty}\left(x+\frac{Z'_H}{Z_H}\right)^2 \mathrm{e}^{-\lambda x}\, \mathrm{d}V_H(x) > 0$$

つぎの例題は，後で「温度」の定義において重要になる．

例題 2.4　$h=\min H$ と置くとき，$a>h$ を満たす任意の a に対して，

$$-\frac{\mathrm{d}}{\mathrm{d}\lambda}\log Z_H(\lambda) = a$$

を満たす $\lambda>0$ がただ 1 つ存在する．

【解】 $f(\lambda)=\mathrm{e}^{a\lambda}Z_H(\lambda)$ とおく．上の(2)により，$f(\lambda)\to\infty\ \ (\lambda\to 0)$ である．さらに

$$\begin{aligned}
f(\lambda) &= \mathrm{e}^{a\lambda}\int_h^{\infty}\mathrm{e}^{-\lambda x}\mathrm{d}V_H(x) > \mathrm{e}^{a\lambda}\int_h^{(h+a)/2}\mathrm{e}^{-\lambda x}\mathrm{d}V_H(x)\\
&> \mathrm{e}^{a\lambda}\mathrm{e}^{-\lambda(h+a)/2}\int_h^{(h+a)/2}\mathrm{d}V_H(x) > \mathrm{e}^{\lambda(a-h)/2}\int_h^{(h+a)/2}\mathrm{d}V_H(x)
\end{aligned}$$

であるから，$f(\lambda)\to\infty\ \ (\lambda\to\infty)$ である．よって

$$\log \mathrm{e}^{a\lambda} Z_H(\lambda) \to \infty \quad (\lambda \to 0, \infty)$$

を得る．

さて(3)から，f は強凸関数であるから，極小値をただ 1 つの $\lambda>0$ においてとる．言いかえれば

$$\frac{\mathrm{d}}{\mathrm{d}\lambda} \log \mathrm{e}^{a\lambda} Z_H(\lambda) = a + \frac{Z'_H(\lambda)}{Z_H(\lambda)} = 0$$

を満たす $\lambda>0$ がただ 1 つ存在する． □

3
気体の統計力学

ここでは，主として力学的相互作用のみを行う(化学的に安定な)気体の統計力学を扱う．**気体**は極めて多数の**分子**の集まりであるが，気体の中の分子の種類はあらかじめ決められた少数のものからなるとする．問題とするのは，気体の「状態」を記述する方法である．気体の自由度の大きさから，**微視的状態**を完全に記述するのはほとんど不可能であるし，実際上その必要もない．気体の「大まかな」様子を表現する**巨視的データ**を与えれば十分である．本章では，気体の巨視的データの基本となる**統計的状態**の力学的定式化を与え，統計的状態の中で**平衡状態**に対応する**正準分布**の自然な導入を行う．

なお，統計的状態に意味があるようなハミルトン力学系である限り，本章で述べることはそのまま適用される(例えば，結晶状態を持つ固体)．

3.1 確率論からの準備

読者の便宜を考えて，確率論の用語をいくつか説明しておこう(くわしくは[4]参照)．ここで述べることは，量子力学の定式化においても必要となる．

確率空間は，測度空間であり，しかも全空間の測度が 1 であるものをいう．確率空間の測度を**確率測度**という．

2 つの確率空間 $(S_1, P_1), (S_2, P_2)$ に対して，S_1 の可測集合 A_1 と S_2 の可測集合 A_2 について $P(A_1 \times A_2) = P_1(A_1)P_2(A_2)$ が成り立つような，直積 $S_1 \times S_2$ 上の確率測度 P が一意的に存在する．P を $P_1 \times P_2$ と表わし，**直積確率測度**という．2 つ以上の確率空間の直積の場合も同様である．

(S, P) を確率空間とするとき，**確率変数**は S 上の可測関数のことである．確率変数 X が可積分であるとき，X の**平均値**(期待値) $E(X)$ は次式により定義される．

$$E(X) = \int_S X \, \mathrm{d}P$$

演習問題 3.1 X, X^2 が可積分であるとき，

$$E\big((X - E(X))^2\big) = E(X^2) - E(X)^2$$

を示せ．$E\big((X - E(X))^2\big)$ を $V(X)$ により表わして，X の**分散**という．

n 個の確率変数 $X_1, \cdots, X_n$ が，つぎの条件を満足するとき互いに**独立**であるという．任意の 1 次元ボレル集合 $A_i \subset \mathbb{R}$ $(i = 1, \cdots, n)$ に対して

$$\begin{aligned} & P\{x \in S;\ X_i(x) \in A_i\ (i = 1, \cdots, n)\} \\ &= \prod_{i=1}^{n} P\{x \in S;\ X_i(x) \in A_i\} \end{aligned}$$

無限個の確率変数が独立であるとは，それから任意に有限個選んだ確率変数たちが互いに独立であるときをいう．**ベクトル**

値確率変数の概念と，それらの独立性も同様に定義される．

確率空間 (S,P) と，S から可測空間 S' への可測写像 π が与えられたとき，S' 上の確率測度 P' を $P'(A)=P(\pi^{-1}(A))$ と置くことにより定義される．P' を π により P から**誘導された確率測度**という．明らかに，

$$\int_S f\circ\pi \,\mathrm{d}P = \int_{S'} f \,\mathrm{d}P'$$

が S' 上のすべての可積分関数 f に対して成り立つ．P' を π_*P と表わすことがある．

とくに，$\mathbb{R}^n$ に値をとるベクトル値確率変数 X を S から $\mathbb{R}^n$ への可測写像と思い，X により P から誘導された $\mathbb{R}^n$ 上の確率測度を，X の**確率分布**という．X の確率分布を μ_X により表わす．

> **演習問題 3.2**　実数値確率変数 X の分散 $V(X)$ が 0 であるとき，X は確率 1 で $E(X)$ を値にとり，さらに X の確率分布は $\{E(X)\}$ に台をもつ $\mathbb{R}$ 上のディラック測度であることを示せ．

$X_1,\cdots,X_k$ を X_i が $\mathbb{R}^{n_i}$ に値をとるようなベクトル値確率変数とする．$X=(X_1,\cdots,X_k)$ を，

$$X(x)=(X_1(x),\cdots,X_k(x))\in\mathbb{R}^{n_1+\cdots+n_k}$$

として定義したベクトル値確率変数とする．$X_1,\cdots,X_k$ たちが互いに独立であるための条件は，$\mu_X=\mu_{X_1}\times\cdots\times\mu_{X_k}$ となることである．

X を実数値確率変数，μ_X をその確率分布とする．$F(x)=\mu_X((-\infty,x])$ により関数 F を定義すると，F は単調増加関数

である．F を X に対する**分布関数**といい，F の(超関数としての)導関数 f を X に対する**確率密度関数**という．

演習問題 3.3　つぎの等式を示せ．

(1)　$E(X)=\int_{-\infty}^{\infty} x \ \mathrm{d}F(x)$

(2)　$a=E(X)$ とするとき，$V(X)=\int_{-\infty}^{\infty}(x-a)^2\mathrm{d}F(x)$

演習問題 3.4　$X_1,\cdots,X_n$ が互いに独立な確率変数であるとき，

$$E(X_1\cdots X_n)=E(X_1)\cdots E(X_n),$$
$$V(X_1+\cdots+X_n)=V(X_1)+\cdots+V(X_n)$$

が成り立つことを示せ．

演習問題 3.5　$X_1,\cdots,X_n$ を互いに独立な確率変数とし，$f_1,\cdots,f_n$ をそれぞれの確率密度関数とするとき，$Y=X_1+\cdots+X_n$ の確率密度関数 f について

$$f=f_1*\cdots*f_n$$

が成り立つことを示せ．

課題 3.1　X を可積分な確率変数で，X の像が区間 (a,b) に含まれるとき，(a,b) 上の凸関数 φ に対して

$$\varphi\Big(\int_S X \ \mathrm{d}P\Big) \leq \int_X \varphi\circ X \ \mathrm{d}P$$

が成り立つことを示せ．これを**イェンセン(Jensen)の不等式**という．

確率論の歴史

確率論の歴史を簡単に述べよう．確率の語義は，「偶然の支配を受けるような性質をもつものに対する確からしさの度合」ということである．古くはアリストテレスが「偶然」について考察しているが，「確からしさ」の概念が数学として取り上げられたのは 16 世紀以降であった．ヨーロッパでは，当時カードなどのゲームが賭け事としてよく行われていたこともあり，3 次方程式の解法で有名なカルダーノ(1501–1576)やガリレオ・ガリレイが賭け事に関連した確率の問題を扱っている．しかし，確率論の祖といえるのはパスカル(1623–1662)とフェルマ(1601–1665)である．パスカルは，友人のメレが提出したつぎの 2 問題について考察し，修道院に入る直前にこれらの問題を解決したのである．

(1) 二つのサイコロを何回か投げて，そのうち少なくとも 1 回 $(6,6)$ が出れば勝つゲームにおいて，それを何回にすれば勝つ見込みができるか．

(2) あるゲームにおいて，A, B 両人の技量が同じとする．賭け金を出してゲームを始めたとき，途中で中止しなければならなくなったとき，その賭け金をどのように分配すれば公平か．

パスカルからこの解答についての知らせを受けたフェルマは，2 番目の

課題 3.2

(1) (**大数の法則**) 独立同分布の確率変数の列 $X_1, X_2, \cdots, X_n$ に対して，

$$\frac{1}{n}(X_1 + \cdots + X_n)$$

は，確率 1 で a に収束することを示せ．ここで，a は X_i の平均値 $E(X_i)$ である(同分布であるから，a は i のとり方によらない)．ベクトル値確率変数の場合も，ほとんど同様な結果が成り立つ．

(2) (**中心極限定理**) 上と同じ仮定の下で，もし $v = E\big((X_i - E(X_i))^2\big) < \infty$ であるとき

$$P\Big(\frac{1}{\sqrt{nv}}(X_1 + \cdots + X_n - na) < x\Big) \to \frac{1}{\sqrt{2\pi}}\int_{-\infty}^{x} \mathrm{e}^{-u^2/2}\mathrm{d}u$$

が成り立つことを示せ．

問題をさらに一般化して解決した．そして，これ以降，数学としての確率論が勃興し，ほとんどの数学者が確率論について論じている．例えば，ホイヘンス，ヤコブ・ベルヌーイ，ド・モアブル，ラグランジュ等が代表例である．

古典的確率論は，ラプラス(1749-1827)が著した大著「確率の解析的理論」(1812)により完成した([5])．これは，差分方程式と母関数のアイディアにより，それまでの確率論の結果を大成した不朽の書といえる．ラプラスはこの中で，今日ラプラス変換，フーリエ変換とよぶ積分変換を導入している．また，「先験的確率」の考え方を適用したことも著しい(囲み「経験的確率と先験的確率」p. 43 参照)．

現代的確率論はコルモゴロフにより始まった(1933 年)．コルモゴロフはルベーグ，ボレルらによる測度論を取り入れて，確率空間の公理系をたて，これを出発点としてすべての確率概念とこれまで特殊な場合に知られていた確率論の諸結果を導き出すことを試みたのである．これにより，確率論と近代解析学の密接な関係が打ち立てられることになった．

後でわれわれが必要とするのは，上の中心極限定理の式において，形式的に x により微分した形の極限公式，すなわち確率密度関数に関する極限公式である．後のために，確率変数列について，仮定を一般化しておく．

$X_1, X_2, \cdots$ を互いに独立な確率変数の列とする．それらの分布は，正の分散をもち，あらかじめ与えられた有限個の分布のどれかに等しいと仮定する．X_k の確率密度関数を $g_k(x)$ とし，$X_1+\cdots+X_N$ の確率密度関数を $G_N(x)$ とする($G_N=g_1*\cdots*g_N$)．X_k たちについて，つぎの性質を仮定する．

(1) g_k の台は下に有界であり，g_k の特異台は $(-\infty, 0]$ に含まれる．

（2） $g_k(x)$ の導関数は可積分であり，$x>0$ ではそのすべての高階導関数とともに，$x\uparrow\infty$ のとき急減少する．

これらの仮定の下でつぎの定理が成り立つ．

定理（局所中心極限定理） $A_N=\sum_{k=1}^{N}E(X_k)$, $B_N=\sum_{k=1}^{N}V(X_k)$ と置くとき，$x>0$ において次式が成り立つ．

$$
\begin{aligned}
G_N(x)& \\
&= \frac{1}{\sqrt{2\pi B_N}}\exp\left(-\frac{(x-A_N)^2}{2B_N}\right) \\
&\qquad + \begin{cases} O\left(\dfrac{1+|x-A_N|}{N^{3/2}}\right) & (|x-A_N|<2(\log N)^2 \text{ のとき}) \\ O(1/N) & (\text{すべての } x>0 \text{ に対して}) \end{cases}
\end{aligned}
$$

証明の詳細は課題としておく（[6]参照）．

ここではそのアイディアだけ述べておこう．X_i の代わりに $X_i-E(X_i)$ を考えることにより，最初から $E(X_i)=0$ と仮定してよい．$G_N=g_1*\cdots*g_N$ の両辺をフーリエ変換すれば $\hat{G}_N=(2\pi)^{(n-1)/2}\hat{g}_1\cdots\hat{g}_N$ が成り立つ（本講座「物の理・数の理 1」5.2 節，課題 5.2 参照）．$u_i=(2\pi)^{1/2}\hat{g}_i=\int_{\mathbb{R}}g_i(x)\,\mathrm{e}^{-\sqrt{-1}xt}\mathrm{d}x$ と置けば，$\hat{G}_N=(2\pi)^{-1/2}u_1\cdots u_N$ となるから，フーリエ逆変換を行えば

$$
G_N(x)=\frac{1}{2\pi}\int_{\mathbb{R}}u_1(t)\cdots u_N(t)\,\mathrm{e}^{\sqrt{-1}tx}\ \mathrm{d}t \tag{3.1}
$$

となる．この右辺の漸近評価を行うため，$F_N(t)=u_1(t)\cdots u_N(t)$ と置き，積分を 2 つの部分に分けて

$$
\begin{aligned}
I_1 &= \frac{1}{2\pi}\int_{|t|\geq(\log N)/\sqrt{B_N}}F_N(t)\,\mathrm{e}^{\sqrt{-1}tx}\ \mathrm{d}t, \\
I_2 &= \frac{1}{2\pi}\int_{|t|<(\log N)/\sqrt{B_N}}F_N(t)\,\mathrm{e}^{\sqrt{-1}tx}\ \mathrm{d}t
\end{aligned}
$$

と置く（$G_N=I_1+I_2$）．I_1 は評価 $|I_1|=O(N^{-2})$ と評価されるが，これは $u_i(t)$ のつぎの性質から導かれる．

（1） u_i は滑らかな関数であり，$|u_i(t)|\leq\int_{\mathbb{R}}|g_i(x)|\ \mathrm{d}x=1$ が成り立つ．さ

らに，$t\neq 0$ のとき，$|u_i(t)|<1$ である．

(2) i によらない定数 A が存在して，$|u_i(t)|<A/|t|$ が成り立つ．これは，g_i' が可積分であることから $g_i(-\infty)=g_i(+\infty)=0$ であることに注意して，$u_i=\int_{\mathbb{R}} g_i(x)\,\mathrm{e}^{-\sqrt{-1}xt}\,\mathrm{d}x$ の部分積分を行うことにより得られる．

I_2 の評価については，

$$F_N\Big(\frac{s}{\sqrt{B_N}}\Big)=\mathrm{e}^{-s^2/2}\bigg\{1+\frac{\sqrt{-1}A_N}{B_N^{3/2}}s^3+\frac{C_N}{B_N^2}s^4-\frac{D_N^2}{B_N^3}s^5+O\Big(\frac{|s^5|+|s^9|}{N^{3/2}}\Big)\bigg\} \tag{3.2}$$

であることを使う．ここで，$A_N=O(N)$, $C_N=O(N)$, $D_N=O(N)$ である．これは $t=0$ の周りでの $u_i(t)$ のテイラー展開

$$u_i(t)=1-\frac{b_i}{2}t^2+\frac{\sqrt{-1}c_i}{6}t^3+\frac{d_i}{24}t^4+\frac{1}{120}u_i^{(5)}(\theta_i t)t^5,\quad (|\theta_i|<1)$$

から導かれる．ここで

$$b_i=\int_{\mathbb{R}}x^2g_i(x)\,\mathrm{d}x=V(X_i),\quad c_i=\int_{\mathbb{R}}x^3g_i(x)\,\mathrm{d}x,\quad d_i=\int_{\mathbb{R}}x^4g_i(x)\,\mathrm{d}x$$

とする．こうして，I_2 については，(3.2)を満たす関数 F_N に関する積分

$$\frac{1}{2\pi\sqrt{B_N}}\int_{-\log N}^{+\log N}F_N\Big(\frac{s}{\sqrt{B_N}}\Big)\mathrm{e}^{\sqrt{-1}sx/\sqrt{B_N}}\,\mathrm{d}s \tag{3.3}$$

の評価に帰着される．このような積分の漸近挙動を調べる手段は，**ラプラスの方法**とよばれる．もし，主要項のみに注目し，細かいことにこだわらなければ，(3.2)を(3.3)に代入して

$$\frac{1}{2\pi\sqrt{B_N}}\int_{-\log N}^{+\log N}\mathrm{e}^{\sqrt{-1}sx/\sqrt{B_N}-s^2/2}\,\mathrm{d}s \tag{3.4}$$

をみればよい．本講座「物の理・数の理 1」5.2 節の例題 5.10 によれば，この積分において，積分区間を $\mathbb{R}$ 全体にとったときには

$$\frac{1}{2\pi\sqrt{B_N}}\int_{-\infty}^{+\infty}\mathrm{e}^{\sqrt{-1}sx/\sqrt{B_N}-s^2/2}\,\mathrm{d}s=\frac{1}{2\pi\sqrt{B_N}}\mathrm{e}^{-x^2/2B_N}$$

が成り立ち，これと(3.4)の差は，$O(N^{-2})$ により評価される．

ガウスは何でも知っていた!?(その3)

中心極限定理の萌芽は，ガウスの誤差法則にある．ガウスは，当時ナポレオンが始めた大規模な測量事業に関連して，ゲッチンゲン付近の土地測量を5年かけて行い，そのデータ整理のために誤差の理論を開発した(この整理に20年を要したといわれる)．

一般に，真の値から観測値を引いたものを誤差というが，誤差の中には補正可能な誤差と排除不能な偶然誤差の2種類がある．ガウスの誤差論は，この偶然誤差を処理する理論である．ガウスは，誤差を確率変数と見なしたとき，その密度が

$$f(x) = \frac{h}{\sqrt{\pi}} \mathrm{e}^{-h^2 x^2}$$

という簡単な関数により表わされることを見出した．もう少しくわしく言えば，誤差には「根源誤差」というべきものが多数存在し，根源誤差の中から互いに独立なものが加わり合ってすべての偶然誤差が起きると考えられる．根源誤差を確率変数と考えれば，偶然誤差の様子を知るには独立な確率変数の和に対する分布を調べればよいことになる．そして，根源誤差の分布が知られていなくても，根源誤差の数が多い場合は，偶然誤差の分布は上の関数を密度関数とする分布(正規分布)に近いことがガウスにより発見されたのである．密度関数 $f(x)$ はガウス関数ともよばれ，熱伝導の方程式の基本解，あるいは液体の中の分子の熱運動が引き起こす粒子のランダム運動(ブラウン運動)の分布関数などとして，数理科学の様々な分野に登場する．

■3.2 気体の微視的状態と統計的状態

他の分子たちから影響を受けない限り，1個の分子の運動はその中の原子たちの力学的エネルギー，すなわち運動エネルギーと相互作用を定めるポテンシャル・エネルギーの和により決定されると仮定して，それをハミルトン力学系により表現する．気体は

膨大な数の分子からなるが，分子の種類は少数とする．気体の中の分子すべてに番号をつけて，それを $(S_1,\omega_1,H_1),\cdots,(S_N,\omega_N,H_N)$ により表わす(もちろん種類に重複があってもよい)．

分子間の距離が大きく，分子たちの相互作用が互いに近接した場合にしか起こらない場合(希薄な気体)を想定すれば，気体は分子間の「弱い相互作用」の下に分子たちが運動する力学系と考えられる．相互作用の下で分子たちは力学的エネルギーをやりとりし，個々の分子の力学的エネルギーは刻々変化する．したがって，気体のモデルは，分子を表現するハミルトン力学系 $(S_1,\omega_1,H_1),\cdots,(S_N,\omega_N,H_N)$ たちの結合系 (S^*,ω^*,H^*) と考えることができる(1.2 節参照)．すなわち $(S^*,\omega^*)=(S_1,\omega_1)\times\cdots\times(S_N,\omega_N)$ であり，H^* は S^* 上のハミルトニアンである．そして，「弱い相互作用」の意味は，ハミルトニアン H^* が，独立結合系のハミルトニアン $H_1+\cdots+H_N$ により十分よく近似されているということである．

気体の統計的状態を定義しよう．まず，気体の**微視的状態**は，S^* の元 $\boldsymbol{x}=(\boldsymbol{x}_1,\cdots,\boldsymbol{x}_N)$ のこととする．以下の議論で，つぎのような要請を取り入れる．

(**要請 I**) ある瞬間に，固定された条件の下に置かれた気体がとり得る微視的状態全体は，ある統計的法則を満たす．

この要請の意味は，S^* 上の確率測度 P^* が存在して，微視的状態 $\boldsymbol{x}$ が可測集合 $A^*\subset S^*$ に属する確率が $P^*(A^*)$ に等しいということである．あるいは，統計学の言葉を用いてつぎのようにも言い直される．微視的状態全体 S^* を母集団として，$\boldsymbol{x}^1,\cdots,\boldsymbol{x}^n\in S^*$ を「無作為」に選ぶとき，標本平均

$$\frac{1}{n}\left(\chi_{A^*}(\boldsymbol{x}^1)+\cdots+\chi_{A^*}(\boldsymbol{x}^n)\right) \tag{3.5}$$

は $n\uparrow\infty$ において $P^*(A^*)$ に収束する(χ_{A^*} は A^* の定義関数).この統計的見方は，大数の法則に基づいている(正確には，つぎの演習問題をみよ). S^* 上の確率測度 P^* を気体の**統計的状態**(あるいは単に**状態**)という. 別の言い方では，(ギブスの)**統計集団**ということもある. S^* 上の関数(確率変数)を**物理量**という.

統計力学の考え方としてとくに強調すべきことは，われわれが実際に観測し測定するものは微視的状態ではなく，あくまでも統計状態(正確に言えば，それから定まる物理量の平均値)ということである.

演習問題 3.6 $\prod_{k=1}^{\infty} S^*$ に直積確率測度 $P^{*\infty}=\prod_{k=1}^{\infty} P^*$ を入れるとき，$P^{*\infty}$ に関して確率 1 で

$$P^*(A^*) = \lim_{n\to\infty} \frac{1}{n}\big(\chi_{A^*}(\boldsymbol{x}^1)+\cdots+\chi_{A^*}(\boldsymbol{x}^n)\big),$$
$$\left((\boldsymbol{x}^1, \boldsymbol{x}^2, \cdots) \in \prod_{k=1}^{\infty} S^*\right)$$

が成り立つことを示せ.

ハミルトニアン H^* を確率空間 (S^*, P^*) 上の確率変数と考えたときの平均

$$U(P^*) = \int_{S^*} H^*\, \mathrm{d}P^* \qquad (3.6)$$

を状態 P^* における気体の**内部エネルギー**という. 独立結合系としてのハミルトニアン $H_0^*=H_1+\cdots+H_N$ は気体のハミルトニアン H^* を近似するから，

$$U(P^*) = \int_{S^*} H_0^*\, \mathrm{d}P^* \qquad (3.7)$$

経験的確率と先験的確率

標本平均(3.5)は，$\boldsymbol{x}^1, \cdots, \boldsymbol{x}^n$ の中で A^* に入る個数の割合である．n を大きくするとき，この割合はある一定の数に近づくだろう．そこで，この数を微視的状態が A^* に含まれる「経験的確率」あるいは「統計的確率」ということにする．経験的確率は，日常的に使う確率概念であるが，数学的にこれを厳密に扱うのは困難である．そこで「先験的確率」の概念が登場する．例えば，サイコロを振って 1 の目が出る経験的確率は 1/6 であるが，先験的確率の立場では 1 から 6 までの目が出る事象の集まり $\{1,2,3,4,5,6\}$ を考え，それにあらかじめ確率 $P(1)=\cdots=P(6)=1/6$ が付与されていると考える．そして，経験的確率が 1/6 であることを大数の法則により理論的に説明するのである．コルモゴルフにより定式化された公理的確率論は，まさに，この考え方を推し進めたものである．

では，先験的確率をどのように付与すべきだろうか．サイコロの場合は，ある目が特別な性質をもっているとは考えられないから，「等確率」とするのが自然である．これと同じように，多くの場合，何らかの意味での「等確率」の考え方が先験的確率を与えるのに用いられる．後で述べる孤立気体の微視的状態についても，このことが当てはまるのである．そして，与えた先験的確率が妥当なものかどうかは，経験的確率と比較することにより確かめることになる．

としてよい．このような同一視は厳密な立場からは問題があるが，これ以後も微視的状態の運動を扱う場合は弱い結合系のハミルトニアン H^* を採用し，統計的性質を扱う場合は H^* を独立結合系のハミルトニアン H_0^* に取り替えて考察することになる（微視的状態の運動に H_0^* を採用すると，分子たちは相互作用せず，エネルギーのやりとりも起こらない）．

これまで，「瞬間」における気体の状態を考えてきた．気体の中の分子たちの運動とともに，微視的状態の統計法則は刻々変化していく．その変化の様子は，気体の置かれた状況により大きく 2 つに分かれる．1 つは，気体が「外」からの影響をまったく受けない**孤立気体**の場合であり，もう1つは他の気体に接触するなどして，「外」から影響を受ける**非孤立気体**の場合である．

まず，孤立気体の場合を考える．T_t をハミルトニアン H^* が生成する S^* 上のハミルトン流としよう．時刻0において統計的状態 P^* にある孤立気体は，時刻 t においては

$$\begin{aligned} P_t^*(A^*) &= P^*\bigl((T_t)^{-1}A^*\bigr) = P^*(T_{-t}A^*) \\ &= P^*\bigl(\{\boldsymbol{x} \in S^*;\ T_t\boldsymbol{x} \in A^*\}\bigr) \end{aligned}$$

により定義される統計的状態 P_t^* をもつとしてよい．P_t^* は T_t により P^* から誘導された確率測度 $(T_t)_*P^*$ である．

孤立気体の内部エネルギーは時間発展によらない(**内部エネルギーの保存則**)，すなわち $U(P_t^*)=U(P^*)$ である．実際，$H^* \circ T_t=H^*$ であることから

$$\begin{aligned} U(P_t^*) &= \int_{S^*} H^*\ \mathrm{d}P_t^* = \int_{S^*} (H^* \circ T_t)\ \mathrm{d}P^* \\ &= \int_{S^*} H^*\ \mathrm{d}P^* = U(P^*) \end{aligned}$$

孤立気体の場合，微視的状態の力学的エネルギーは時間に関して不変である．そのエネルギーを E とするとき，統計的状態 P^* としては等エネルギー面 $\Sigma_E^*=(H^*)^{-1}(E)$ 上に台をもつ確率測度を考えるのが自然である．さらに，P^* は Σ_E^* 上のリュウビル測度 $\mathrm{d}\Omega_E^*$ に関して連続な密度関数 p^* をもつと仮定する．

$$\int_{S^*} f\ \mathrm{d}P^* = \int_{\Sigma_E^*} fp^*\ \mathrm{d}\Omega_E^*$$

P_t^* の密度関数を p_t^* とするとき，

$$\int_{S^*} f\ \mathrm{d}P_t^* = \int_{S^*} f \circ T_t\ \mathrm{d}P^* = \int_{\Sigma_E^*} (f \circ T_t)p^*\ \mathrm{d}\Omega_E^*$$

$$= \int_{\Sigma_E^*} f\big(p^* \circ T_{-t}\big)\, \mathrm{d}\Omega_E^*$$

であるから，$p_t^*=p^* \circ T_{-t}$ である．今の式の変形で，リュウビル測度 $\mathrm{d}\Omega_E^*$ がハミルトン流に関して不変であることを使った(例題 2.1(3))．

つぎに非孤立気体の場合を考察する．今，気体 (S^*, ω^*, H^*) が別の気体 $(S^{*\prime}, \omega^{*\prime}, H^{*\prime})$ と接触(あるいは混合)して，気体 $(S_0^*, \omega_0^*, H_0^*)$ を形作っているとしよう．数学的には，$(S_0^*, \omega_0^*, H_0^*)$ は (S^*, ω^*, H^*) と $(S^{*\prime}, \omega^{*\prime}, H^{*\prime})$ の「弱い」結合系と考える．$(S_0^*, \omega_0^*, H_0^*)$ を 2 つの気体を**混合**して得られる気体ともいい，(S^*, ω^*, H^*), $(S^{*\prime}, \omega^{*\prime}, H^{*\prime})$ をその**成分**という．

混合気体 $(S_0^*, \omega_0^*, H_0^*)$ の成分 (S^*, ω^*, H^*), $(S^{*\prime}, \omega^{*\prime}, H^{*\prime})$ のそれぞれの統計的状態を P^*, $P^{*\prime}$ とするとき，混合気体の統計的状態 $P^* \times P^{*\prime}$ を P^*, $P^{*\prime}$ の**独立結合状態**という．

演習問題 3.7 $U(P^* \times P^{*\prime})=U(P^*)+U(P^{*\prime})$ を示せ(ここでも，$H_0^* = H^* + H^{*\prime}$ としている)．

大きい気体 $(S_0^*, \omega_0^*, H_0^*)$ の統計的状態が確率測度 P_0^* により与えられているとき，その成分である気体 (S^*, ω^*, H^*) の統計的状態は，射影 $\pi : S_0^* \longrightarrow S^*$ により P_0^* から誘導される確率測度 $P^*=\pi_* P_0^*$ により与えられる．「補正分」の気体 $(S^{*\prime}, \omega^{*\prime}, H^{*\prime})$ の統計的状態を $P^{*\prime}$ とするとき，$U(P_0^*)=U(P^*)+U(P^{*\prime})$ が成り立つ(**内部エネルギーの加法性**)．実際，前に注意したように，このような統計的性質を扱うときには気体は分子たちの独立結合系と考えているので，

$$
\begin{aligned}
U(P_0^*) &= \int_{S_0^*} (H^*+H^{*\prime})\,\mathrm{d}P_0^* \\
&= \int_{S_0^*} H^* \circ \pi\ \mathrm{d}P_0^* + \int_{S_0^*} H^{*\prime} \circ \pi'\ \mathrm{d}P_0^* \\
&= \int_{S^*} H^*\ \mathrm{d}P^* + \int_{S^{*\prime}} H^{*\prime}\ \mathrm{d}P^{*\prime} = U(P^*)+U(P^{*\prime})
\end{aligned}
$$

が得られる．

■3.3 孤立気体の平衡状態——小正準分布

統計力学の第1の課題は，気体の統計的状態の中で時間的に安定なもの，すなわち「平衡状態」を表わす適切な確率測度を見出すことである．本節では，孤立気体の平衡状態について論じよう．

前節で述べたように，気体 (S^*, ω^*, H^*) が孤立しているときは，気体の微視的状態の時間発展は，ある等エネルギー面 $\Sigma^*(E){=}H^{*-1}(E)$ 上に制限されている．もし，気体が平衡状態にあるならば，それに対応する微視的状態は，時間によらず，しかも $\Sigma_E^*{=}H^{*-1}(E)$ 上「等確率」で現れるだろう．この「等確率」を表わす確率測度は，等エネルギー面 $\Sigma_E^*{=}H^{*-1}(E)$ 上のリュウビル測度を正規化したものとするのが自然である（これが時間によらないことは，ハミルトン流に関するリュウビル測度の不変性による）．そこで，つぎのような要請を置く．

（**要請 II**） エネルギー E において平衡状態にある気体 (S^*, ω^*, H^*) において，微視的状態が可測集合 $A \subset \Sigma_E^*$ に見出される確率は

$$
P_E^*(A) = \mathrm{vol}\,(\Sigma_E^*)^{-1} \int_{\Sigma_E^*} \chi_A\ \mathrm{d}\Omega_E^*
$$

に等しい．P_E^* をエネルギー E における**小正準分布**という．P_E^* に関する内部エネルギーは力学的エネルギー E に等しいことに注意．

時間の推移により不変な Σ_E^* 上の確率測度が小正準分布以外にあれば，それも平衡状態の候補になるはずだが，気体に関する経験則により，そのようなものはないと結論される．そこで，つぎのような要請を置く．

（要請 III）（孤立気体のエルゴード性）　P_E^* に関して可積分な関数 f により $\mathrm{d}P^*=f\,\mathrm{d}P_E^*$ と表わされるような Σ_E^* 上の任意の確率測度 P^* を考える．もし P^* が H^* の生成するハミルトン流により不変ならば，$P^*=P_E^*$ である．換言すれば，$f\circ T_t=f$ $(t\in\mathbb{R})$ を満たすような $f\in L^1(\Sigma_E^*)$ は定数に限るということである（このことを，「ハミルトン流 T_t は Σ_E^* 上で**エルゴード的**である」という）．

注意　もし，リュウビル測度 $\mathrm{d}\Omega_E^*$ に関して連続な密度関数をもつ統計的状態のみに限定しているならば，上のエルゴード性の要請は必要以上に強い．実際，軌道 $\{T_t\boldsymbol{x};\ t\in\mathbb{R}\}$ が Σ_E^* の中で稠密であるような微視的状態 $\boldsymbol{x}$ が存在するという条件で十分である．

物理学の歴史の中で，「孤立気体の平衡状態は小正準分布により与えられる」という仮定が統計力学の出発点として認められるまでには少々紆余曲折があった．簡単にその歴史を述べておこう．初期の統計力学理論の建設者であるマクスウェルとボルツマンは，微視的状態の「等確率」性を正当化するために，可能な微視的状態全体にわたる平均の代わりに 1 つの微視的状態の時間発展を取り出し，物理量を逐次観測することによって物理量の「平均」とすることを考えた．すなわち，物理量 f の「平均」として，その「長時間平均」

$$\overline{f}:=\frac{1}{\tau}\int_0^\tau f(T_t\xi)\,\mathrm{d}t\quad(\xi\in\Sigma_E^*)$$

を考えたのである．ここで「τ が十分に大きければ，軌道 $\{T_t\xi;\ t\in[0,\tau]\}$

は等エネルギー面 Σ_E^* のすべての点を通り，その結果 $\overline{f}$ は ξ によらず，しかも小正準分布による平均と一致する」というのが，マクスウェルとボルツマンの考えたことであった．これを**エルゴード仮説**という(ボルツマン：1871 年)．1 つの微視的状態の時間発展から「平均」を求めることは，現実的な観測に沿う方法であって，このような観点からエルゴード仮説を認めることは確かに自然なことである．

しかし，エルゴード仮説は，数学的には成り立たない(課題 3.3)．また，$\overline{f}$ の厳密な意味付けにも困難がある．このような理由から，長時間平均の考え方により，小正準分布が平衡状態を表わすことの正当化はできない．現在流布している統計力学理論の建設者であるギブズは，統計力学の基礎付けを直接小正準分布に求め，そのうえで統計力学を打ちたてることに成功したのである(1902 年)．

では，ボルツマンの考えたことはまったく無意味なものなのだろうか．いや，そうではない．20 世紀前半，確率論の基礎付けがなされる中で，数学者はエルゴード仮説の数学的定式化を試み，力学系の**エルゴード理論**として大きく発展させた．その中心的位置を占めるのが，つぎに述べるバーコフの**エルゴード定理**である(1931 年)．

定理([7]参照)　任意の $f \in L^1(\Sigma_E^*)$ に対して，極限

$$\overline{f}(\xi) = \lim_{\tau \to \infty} \frac{1}{\tau} \int_0^\tau f(T_t \xi)\, \mathrm{d}t$$

が，測度 $\mathrm{d}\Omega_E^*$ に関してほとんどすべての $\xi \in \Sigma_E^*$ について存在する．

ここで

$$\int_{\Sigma_E^*} \overline{f}\ \mathrm{d}\Omega_E^* = \lim_{\tau \to \infty} \frac{1}{\tau} \int_0^\tau \mathrm{d}t \int_{\Sigma_E^*} f(T_t \xi)\, \mathrm{d}\Omega_E^* = \int_{\Sigma_E^*} f\, \mathrm{d}\Omega_E^* \qquad (3.8)$$

であることに注意しよう．

こうして，「長時間平均」の存在については，数学的に保証されることになった．$\overline{f}$ はハミルトン流により不変である．しかし，一般に $\overline{f}(\xi)$ は ξ に依存する．したがって，$\overline{f}(\xi)$ を以って「平均」とすることはできない．そこで，上の要請で述べたエルゴード性の概念が導入されることになる．

ハミルトン流が Σ_E^* 上でエルゴード的であるとき，$\overline{f}$ は定数関数であり，しかも(3.8)により，$\mathrm{vol}\,(\Sigma_E^*)^{-1} \int_{\Sigma_E^*} f \mathrm{d}\Omega_E^*$ に等しいことに注意しよう．す

なわち，エルゴード性の条件は，

$$\lim_{\tau\to\infty}\frac{1}{\tau}\int_0^\tau f(T_t\xi)\,\mathrm{d}t=\mathrm{vol}\,(\Sigma_E^*)^{-1}\int_{\Sigma_E} f\,\mathrm{d}\Omega_E^*$$

と表わされる．これは，「長時間平均が小正準分布に関する空間平均に等しい」ことを意味している．

数学的に定式化されたエルゴード性を物理学にフィードバックするとき，つぎのことが問題になる．「気体を表現する力学系は，エルゴード性をもつのだろうか」．もし，これが正しければ，ボルツマンの考えたことは正当化されるといってよいだろう．

素朴には，気体分子の数が極めて多数であることから，エルゴード性が示されるのではないかと期待するかもしれない．しかし，これはハミルトン力学系の相空間 S の次元が大きいというだけのことであって，数学的にはいくらでも大きい次元の非エルゴード的な例を作れるのである．力学系の形に制限を加えることも考えられるが，数学的トイモデルを除いて，現実の気体に対するエルゴード性は，厳密に検証されているとは言いがたい．

例 1　M を負曲率(いたるところ断面曲率が負)の閉じた多様体とし，$S=T^*M$ 上でハミルトニアン $H(\xi)=\|\xi\|^2$ を考える．このとき，任意の $E>0$ に対して，Σ_E 上に制限したハミルトン流はエルゴード的である．

課題 3.3　M,N を可算基をもつ多様体とする．$\dim M<\dim N$ であるとき，滑らかな写像 $\varphi: M\longrightarrow N$ の像 $\varphi(M)$ の測度は 0 であることを示せ．このことを使って，ボルツマンのエルゴード仮説が成り立たないことを示せ．

注意　上の課題で，もし φ の連続性だけを仮定するなら，$\varphi(M)$ は正の測度をもつことがある．実際，ペアノ曲線とよばれる，正方形を埋めつくす連続曲線 $c:[0,1]\longrightarrow\mathbb{R}^2$ が存在する(ただし，c は単射ではない)．

課題 3.4　つぎの条件は互いに同値であることを示せ．

(1)　T_t は Σ_E^* 上エルゴード的である．

(2)　Σ_E^* の可測集合 A,B について，任意の t に対して $P_E^*(T_tA\triangle A)=0$ な

らば，$P^*_E(A)$ は 0 または 1 に等しい．ここで，$A\triangle B=(A\backslash B)\cup(B\backslash A)$ であり，A, B の**対称差**という．

(3) $f\in L^2(\Sigma^*_E)$ に対して，$f\circ T_t=f$ がすべての t について成り立つならば，f はほとんどいたるところ定数関数に等しい．

さて，任意の状態にある孤立気体は，十分に時間が経てば平衡状態に達することが観察される．これを数学的に保証するのが，エルゴード性よりも強い，つぎに述べる「混合性」についての要請である．

（要請 IV）（孤立気体の混合性）　Σ^*_E の任意の可測集合 A, B に対して，

$$\lim_{t\to\infty} P^*_E(T_tA\cap B)=P^*_E(A)P^*_E(B) \tag{3.9}$$

が成り立つ（このことを，「ハミルトン流 T_t は Σ^*_E 上で**混合的**である」という）．

$P^*_E(B)\neq 0$ であるとき，(3.9)を $\lim_{t\to\infty} P^*_E(T_tA\cap B)/P^*_E(B)=P^*_E(A)$ と書き直せば理解されるように，十分に時間が経てば，B に含まれる T_tA の「割合」が，全体の中での A の割合に（B には無関係に）等しくなるということである．これは，気体のすべての部分が一様に混じり合っていくことを表現している．なお，上の例で述べたハミルトン流は混合的である．

演習問題 3.8

(1) T_t が Σ^*_E 上で混合的であるための必要十分条件は，任意の $f, g\in L^2(\Sigma^*_E)$ に対して，

$$\lim_{t\to\infty}\int_{\Sigma^*_E}(f\circ T_t)g\ \mathrm{d}P^*_E=\int_{\Sigma^*_E}f\ \mathrm{d}P^*_E\int_{\Sigma^*_E}g\ \mathrm{d}P^*_E$$

が成り立つことである．これを示せ．

(2) 混合的ならばエルゴード的であることを示せ.

〔ヒント〕

(1) f, g が可測集合の定義関数の場合が(3.9)である. 一般の場合は単関数で近似すればよい.

(2) B を A の補合集合とするとき, $P^*_E(T_t A \triangle A)=0$ から, $P^*_E(T_t A \cap B)=P^*_E(A \cap B)=0$ を示す.

P^* を連続な密度関数 p^* をもつ Σ^*_E 上の確率測度とし, その時間発展を P^*_t とするとき, 混合性の仮定の下で $P^*_t \to P^*_E$ $(t \to \infty)$ がつぎの意味で成り立つことが容易に確かめられる. Σ^*_E 上の任意の連続関数(あるいはもっと一般に L^2 関数) f に対して

$$\lim_{t\to\infty} \int_{\Sigma^*_E} f \, \mathrm{d}P^*_t = \int_{\Sigma^*_E} f \, \mathrm{d}P^*_E \tag{3.10}$$

である. これが,「任意の統計的状態が平衡状態に近づく」ということの表現である. 注意しなければならないのは, $P^*_t \to P^*_E$ だからといって, P^*_t の密度関数 $p^*_t=p^* \circ T_{-t}$ が P^*_E の密度関数である定数関数 $p^*_E=1/\mathrm{vol}\,(\Sigma^*_E)$ に(各点)収束するということではない. (3.10)のような収束を, 確率測度の**弱収束**という. 弱収束は極めて「弱い」収束概念であるが, その定義(3.10)から分かるように, 巨視的な量の収束を保証するものである.

本節を終えるにあたって, 微視的状態と統計的状態の混同から起きる混乱に関して注意しておくことがある. 統計力学の発展過程の中で, 概念の不明確さに起源をもつ多くのパラドックスが指摘され, ボルツマン, マクスウェルら統計力学の建設者を悩ましてきた. 統計力学は, すべての物体が原子から構成されるという「原子論」を背景にしていたから, パラドックスを克服することは「原子論」を擁護する物理学者にとっては至上

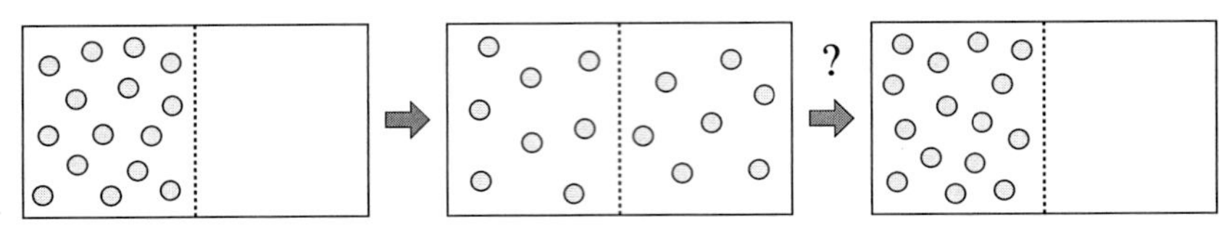

図 3.1　ポアンカレの再帰定理

命題だったのである．その 1 つは，ツェルメロ(1896 年)により最初に指摘された逆理であり，つぎの例題で述べるポアンカレの再帰定理(1890 年)から生ずるものである．

例題 3.1 (ポアンカレの再帰定理)　(S,μ) を全測度 $\mu(S)$ が有限な測度空間とし，$T: S \longrightarrow S$ を可測写像で，さらに保測，すなわち $\mu\bigl(T^{-1}(A)\bigr)=\mu(A)$ がすべての可測集合 A に対して成り立つと仮定する．このとき，$P(A)>0$ であれば，ほとんどの $x \in A$ に対して $T^n x$ は無限回 A に帰ってくることを示せ(図 3.1 参照)．換言すれば，

$$\mu\bigl(\{x \in A;\ T^n x \notin A \text{ がすべての } n \geq n_0 \text{ に対して成り立つような } n_0 \text{ が存在する }\}\bigr) = 0$$

【解】　A_n をつぎのように帰納的に定義する．$A_0=A$ であり，A_{n-1} が定義されたとき，

$$A_n = A_{n-1} \cap \bigcup_{j\geq 1} T^{-j}(A_{n-1}) \ \Bigl(= \bigcup_{j\geq 1} \bigl(A_{n-1} \cap T^{-j}(A_{n-1})\bigr)\Bigr)$$

とする．$\mu(A_n)=\mu(A)$ を示そう．$n=0$ のときは自明．$\mu(A_{n-1})=\mu(A)$ と仮定する．$\mu(A_n)<\mu(A_{n-1})$ とすると，

$$B = A_{n-1} \backslash A_n = A_{n-1} \cap \bigcap_{j\geq 1} \bigl(A_{n-1} \cap T^{-j}(A_{n-1})\bigr)^c$$

は正の測度をもつ(K^c は K の補集合を表わす)．さらに任意の $j \geq 1$ に対して $B \cap T^{-j}B \subset B \cap \bigl(A_{n-1} \cap T^{-j}(A_{n-1})\bigr)=\emptyset$ (空集合)であるから，$\{T^{-j}B;\ j=0,1,2,\cdots\}$ は互いに交わらない部分集合の族である．ところが

$$\mu(S) \geq \sum_{j=0}^{\infty} (T^{-j}B) = \sum_{j=0}^{\infty} \mu(B) = \infty$$

となるから，S が有限な全測度をもつことに矛盾．

$A_\infty = \bigcap_{n=0}^{\infty} A_n$ は，A に無限回帰ってくる元 x 全体のなす集合であり，さらに本講座「物の理・数の理 1」2.1 節の例題 2.1 により $\mu(A_\infty)=\mu(A)$ であるから主張が得られる． ▯

例題 3.2（ツェルメロの逆理） 非平衡状態にある気体を，外から遮断したまま十分に長く「放っておく」と平衡状態になるという事実は，初期状態の近くに何度も戻ってくるというポアンカレの再帰定理に矛盾しているように思われる．この矛盾を解決せよ．

【解】 これは，再帰定理が微視的状態についての主張であるにもかかわらず，それを統計的状態と混同するから起こるのであって，決して矛盾ではない．数学的には，再帰定理と力学系の混合性は互いに矛盾しないのである． ▯

統計力学のパラドックスは他にもある．なかでも深刻だったのは，「時間反転」による対称性との係わりから生ずるパラドックスであるが，これについては 4.2 節の最後で触れることにする．

3.4 非孤立気体の平衡状態——正準分布

前節では，孤立気体を考察した．本節では，気体がより大きい分子数をもつ孤立気体の成分となっている状況を考える．

まず，平衡状態にある孤立気体 $(S_0^*, \omega_0^*, H_0^*)$ の**温度**を天下り的に定義しておこう．このため，2.3 節で述べた分配関数 $Z_{H_0^*}(\lambda)$ が必要となる．$E > \min H_0^*$ とするとき，例題 2.4 によって

$$E = -\frac{\mathrm{d}}{\mathrm{d}\lambda} \log Z_{H_0^*}(\lambda)\Big|_{\lambda=\theta} \tag{3.11}$$

を満たす正数 θ がただ 1 つ存在する．この θ を用いて，$T=1/k\theta$ と置き，これをエネルギー E をもつ孤立気体 $(S_0^*, \omega_0^*, H_0^*)$ の温度という．ここで k は**ボルツマン定数**であり，数値的には $k=1.380\times$

力学系

数学では「力学系」という言葉を極めて広い文脈で使う．何の構造も考えなければ，単に集合 X への実数の加法群 $\mathbb{R}$ の作用を力学系という．さらに，$\mathbb{R}$ を整数の加法群 $\mathbb{Z}$ に置き換えたものも力学系という(この場合は，X からそれ自身への全単射を与えることに過ぎない)．しかし，一見単純に思われる力学系でも，X 上に位相，測度，多様体などの構造を考えることにより，興味深い数学理論が構築されるのである．この意味での力学系理論の創始者はポアンカレである．その根底には，N 体問題のように，一般に既知関数を用いて解けないような微分方程式の解の長時間挙動を調べる方法を模索したことがある．また，ポアンカレが「位置解析」の名のもとに創始し 20 世紀に発展した位相幾何学は，力学系理論が 1 つの出発点となっている．ポアンカレの仕事を引き継いだバーコフの研究の後，20 世紀後半には，アーノルド，アノソフ，スメールらの研究によって，力学系の理論は大きく前進した．

単純ではあるが有用な力学系として，記号力学系というものがある．これは単に有限個の文字を考え，それらを右にも左にも限りを置かずに並べたもの(文字列)全体を X として，文字列を左にずらす操作(シフト)を X の全単射とすることにより得られる力学系である(ただし並べたときに，整数で番号付けをしておく)．なぜこのようなものが有用なのか，すぐには理解できないかもしれない．しかし，記号力学系は，媒質中におかれた微小粒子の熱運動(ブラウン運動)の離散モデル(ランダム・ウォーク)や，初期状態に鋭敏に依存する不安定力学系の「近似」を与えており，とくに後者では研究の道具としても必須なものになっている．

10^{-16} erg deg により与えられる(数学的には $k=1$ としてもよい)．温度は平衡状態の(内部)エネルギーのみによることに注意．逆に，

$$\frac{\mathrm{d}E}{\mathrm{d}\theta} = -\frac{\mathrm{d}^2}{\mathrm{d}\theta^2}\log Z_{H_0^*}(\theta) < 0$$

が成り立つから，温度から(内部)エネルギーが定まる．また，

温　度

温度とは，(熱)平衡にある物体の温かさ，冷たさを表わす尺度である．平衡な状態にある2つの物体を接触させたときに平衡状態にあれば，それらの温度は等しいという．この温度の「相等」は同値関係であり(**熱力学の第0法則**)，このことが温度計の原理の背景にある．すなわち，1つの物体を基準にして，すべての物体の温度を決めることができる．さらに温度が変化すれば，体積や圧力などの物体の内部状態が変化するから，この現象を利用して実用的な温度計を作ることができる．熱力学の理論を用いれば，個々の物質に依存しない温度目盛を定義することが可能であり，これを**絶対温度**という(5.5節参照)．統計力学で用いられる温度は，この絶対温度に一致する．

(内部)エネルギー E は温度 T の増加関数であることも分かる．(3.11)により定義した T を温度と考えてよい理由は，これからの議論を通じて次第に明らかになるだろう．

つぎに，温度 T の孤立気体 $(S_0^*, \omega_0^*, H_0^*)$ の中の分子の個数を N_0 とし，$(S_1, \omega_1, H_1), \cdots, (S_{N_0}, \omega_{N_0}, H_{N_0})$ を気体の構成分子のハミルトン力学系とする．すなわち，$S_0^* = S_1 \times \cdots \times S_{N_0}$ とする．ここでは統計的事柄を考察するので，$H_0^* = H_1 + \cdots + H_{N_0}$ とする．

考察すべき気体は，ハミルトン力学系 $(S_0^*, \omega_0^*, H_0^*)$ の成分 (S^*, ω^*, H^*) である．すなわち，補成分 $(S^{*\prime}, \omega^{*\prime}, H^{*\prime})$ により

$$S_0^* = S^* \times S^{*\prime}, \quad \omega_0^* = \omega^* + \omega^{*\prime}, \quad H_0^* = H^* + H^{*\prime}$$

と表わされているとする．もちろん，気体 (S^*, ω^*, H^*) の中の分子は，$(S_0^*, \omega_0^*, H_0^*)$ の分子であるとする．そして，その個数 N は固定しておく．

前節で述べたように，温度 T の孤立気体 $(S_0^*, \omega_0^*, H_0^*)$ の成分

(S^*, ω^*, H^*) に対する統計的状態は，(3.11)により定まるエネルギー E に関する S_0^* 上の小正準分布 $P^*_{0\,E}$ から誘導されると考えられる．すなわち，つぎのようにして定義される確率測度 P_E^* が，(S^*, ω^*, H^*) の平衡状態に対応する統計的状態を表わす．

$$\int_{S^*} f \; \mathrm{d}P_E^* = \int_{S_0^*} f \circ \pi \; \mathrm{d}P^*_{0\,E} = \frac{1}{\mathrm{vol}\,(\Sigma^*_{0\,E})} \int_{\Sigma^*_{0\,E}} f \circ \pi \; \mathrm{d}\Omega^*_{0\,E}$$

ここで，$\pi : S_0^* \longrightarrow S^*$ は成分 S^* への射影を表わす．

例題 3.3　$(S_0^*, \omega_0^*, H_0^*)$ に対する状態密度を $\varphi_{H_0^*}$，$(S^{*\prime}, \omega^{*\prime}, H^{*\prime})$ に対する状態密度を $\varphi_{H^{*\prime}}$ とする．このとき，S^* 上のリュウビル測度 $\mathrm{d}\Omega^*$ に関する P_E^* の密度関数は $\varphi_{H^{*\prime}}(E-H^*)/\varphi_{H_0^*}(E)$ に等しいことを示せ．すなわち，

$$\int_{S^*} f \; \mathrm{d}P_E^* = \int_{S^*} f(\xi) \frac{\varphi_{H^{*\prime}}(E-H^*(\xi))}{\varphi_{H_0^*}(E)} \; \mathrm{d}\Omega^*(\xi)$$

が成り立つ．

【解】　まず，例題 2.2 により，$\mathrm{vol}\,(\Sigma^*_{0\,E}) = \varphi_{H_0^*}(E)$ である．さらに同じ例題と式(2.1)により

$$\begin{aligned} \int_{\Sigma^*_{0\,E}} f \circ \pi \; \mathrm{d}\Omega^*_{0\,E} &= \frac{\mathrm{d}}{\mathrm{d}\lambda}\Big|_{\lambda=E} \int_{H_0^* \leq \lambda} f \circ \pi \; \mathrm{d}\Omega_0^* \\ &= \frac{\mathrm{d}}{\mathrm{d}\lambda}\Big|_{\lambda=E} \int_{S^*} f(\xi) V_{H^{*\prime}}(\lambda - H^*(\xi)) \, \mathrm{d}\Omega^*(\xi) \\ &= \int_{S^*} f(\xi) \varphi_{H^{*\prime}}(E - H^*(\xi)) \, \mathrm{d}\Omega^*(\xi) \end{aligned}$$

を得る．主張は，これからただちに従う．　□

つぎに，温度 T をもつ孤立気体 $(S_0^*, \omega_0^*, H_0^*)$ の分子数が膨大な場合に，成分気体 (S^*, ω^*, H^*) の平衡状態が特殊な確率測度により近似されることをみる．数学的には，$(S_0^*, \omega_0^*, H_0^*)$ の分子数 N_0 を無限大にしたときの $\varphi_{H^{*\prime}}(E-H^*)/\varphi_{H_0^*}(E)$ の極限を求めることを意味する．物理的には，気体 (S^*, ω^*, H^*) を温度 T の環境の中に置いたときの平衡状態を見出すことになる．環境

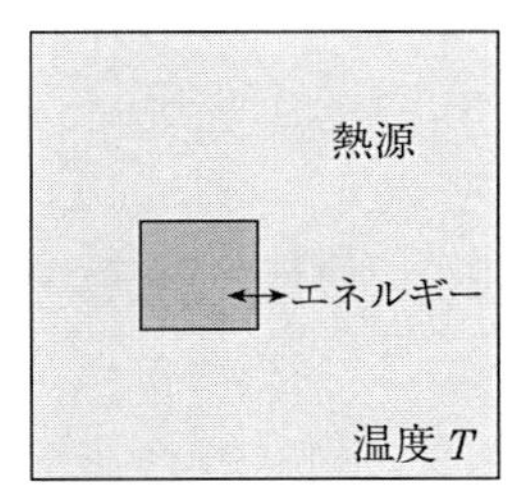

図 3.2 熱源

のことを，**恒温槽**あるいは**熱源**ということもある(図 3.2 参照).

まず，$\varphi_{H^{*\prime}}$, $\varphi_{H_0^*}$ それぞれの漸近挙動を調べる．このため，3.1 節で述べた局所中心極限定理を適用しよう．しかし，状態密度は確率密度関数ではないので，それを少し変形して，ある確率空間上の確率変数に対する確率密度関数にする．そこで，各分子 S_i につぎのような確率測度 P_i を導入する*.

$$\int_{S_i} f \, \mathrm{d}P_i = \int_{S_i} f \frac{\mathrm{e}^{-\lambda H_i}}{Z_{H_i}(\theta)} \, \mathrm{d}\Omega_i$$

S_∞ を無限直積 $\prod_{i=1}^{\infty} S_i$ とし，S_∞ には P_i たちの直積確率測度 $P_\infty = \prod_{i=1}^{\infty} P_i$ を導入する．確率空間 (S_∞, P_∞) 上で，ハミルトニアン $H_1, H_2, \cdots$ は互いに独立な確率変数である．そして，H_i の確率分布は，

$$g_i(x) = \frac{\mathrm{e}^{-\theta x}}{Z_{H_i}(\theta)} \varphi_{H_i}(x)$$

を密度関数としている．実際，

* 実は結果が先に分かっていて，このような確率測度を導入している．発見的方法については物理のテキスト(例えば[8])を参照してほしい．

$$\int_{S_\infty} f(H_i)\,\mathrm{d}P_\infty = \int_{S_i} f(H_i)\,\mathrm{d}P_i = \int_{S_i} f(H_i)\frac{\mathrm{e}^{-\theta H_i}}{Z_{H_i}(\theta)}\,\mathrm{d}\Omega_i$$
$$= \int_{-\infty}^{\infty} f(x)\frac{\mathrm{e}^{-\theta x}}{Z_{H_i}(\lambda)}\varphi_{H_i}(x)\,\mathrm{d}x$$

である．われわれが知りたいのは，和 $H_0^*{=}H_1{+}\cdots{+}H_{N_0}$ の状態密度 $\varphi_{H_0^*}$ の，$N_0 \to \infty$ としたときの漸近挙動である．もちろんこのためには，

$$G_N(x) = \frac{\mathrm{e}^{-\theta x}}{Z_{H_0^*}(\theta)}\varphi_{H_0^*}(x)$$

の漸近挙動が分かればよい．ところが，これは (S_∞, P_∞) 上の確率変数 H_0^* に対する確率密度関数である．実際，独立な確率変数の和の確率密度に関する公式から，H_0^* に対する確率密度は，$g_1 * \cdots * g_{N_0}$ により与えられる．他方，状態密度に関する式 $\varphi_{H_0^*}{=}\varphi_{H_1} * \cdots * \varphi_{H_{N_0}}$ と，分配関数に対する積公式 $Z_{H_0^*}{=}Z_{H_1}\cdots Z_{H_{N_0}}$ (2.3 節)から，

$$g_1 * \cdots * g_{N_0} = \frac{\mathrm{e}^{-\theta x}}{Z_{H_0^*}(\theta)}\varphi_{H_0^*}(x)$$

が示される(g_i たちの合成積において，指数関数の部分は $\mathrm{e}^{-\theta(x-y)}\mathrm{e}^{-\theta y}{=}\mathrm{e}^{-\theta x}$ であることに注意)．

こうして，われわれの問題は独立な確率変数の和に対する確率密度関数の漸近挙動を求める問題に帰着された．

演習問題 3.9　上の確率測度 P_i, P について，次式を示せ．

$$E(H_i) = -\frac{\mathrm{d}}{\mathrm{d}\lambda}\log Z_{H_i}(\lambda)\Big|_{\lambda=\theta},\quad V(H_i) = \frac{\mathrm{d}^2}{\mathrm{d}\lambda^2}\log Z_{H_i}(\lambda)\Big|_{\lambda=\theta},$$
$$E(H_0^*) = -\frac{\mathrm{d}}{\mathrm{d}\lambda}\log Z_{H_0^*}(\lambda)\Big|_{\lambda=\theta},$$
$$V(H_0^*) = \sum_{k=1}^{N_0} V(H_i) = \frac{\mathrm{d}^2}{\mathrm{d}\lambda^2}\log Z_{H_0^*}(\lambda)\Big|_{\lambda=\theta}$$

局所中心極限定理を利用するための条件を思い出す．

(i) 気体の中の分子はあらかじめ与えられた有限個の種類の分子のいずれかであるから，H_k たちの分布の種類は高々有限個である．

(ii) 分子の状態密度に関する仮定から(2.2 節)，g_k たちは局所中心極限定理が成り立つための条件を満たしている．

以下，H_0^* が N_0 によっていることを明示するため，$H_{N_0}^*$ と表わすことにする．また，E についても N_0 を明示する．すなわち，

$$E_{N_0} = -\frac{\mathrm{d}}{\mathrm{d}\lambda} \log Z_{H_{N_0}^*}(\lambda)\Big|_{\lambda=\theta}$$

である．さらに，

$$B_{N_0} = \frac{\mathrm{d}^2}{\mathrm{d}\lambda^2} \log Z_{H_{N_0}^*}(\lambda)\Big|_{\lambda=\theta}$$

と置く．これは，$H_{N_0}^*$ の分散に等しい．このとき局所中心極限定理により，

$$\begin{aligned}
&\varphi_{H_{N_0}^*}(x) \\
&\quad = Z_{H_{N_0}^*}(\theta) e^{\theta x} \Bigg[\frac{1}{\sqrt{2\pi B_{N_0}}} \exp\left(-\frac{(x-E_{N_0})^2}{2B_{N_0}}\right) \\
&\qquad + \begin{cases} O\left(\dfrac{1+|x-E_{N_0}|}{{N_0}^{3/2}}\right) & (|x-E_{N_0}| < 2(\log N_0)^2 \text{ のとき}) \\ O(1/N_0) & (\text{任意に } x \text{ に対して}) \end{cases} \Bigg]
\end{aligned}$$

が成り立ち，とくに次式を得る．

$$\varphi_{H^*}(E_{N_0}) = Z_{H_{N_0}^*}(\theta)\, \mathrm{e}^{\theta E_{N_0}} \left[\frac{1}{\sqrt{2\pi B_{N_0}}} + O({N_0}^{-3/2}) \right]$$

つぎに分子の数が N' 個の補成分 $S^{*\prime}$ 上のハミルトニアン $H^{*\prime}$

に対して，局所中心極限定理を適用する．E^* を成分 S^* の内部エネルギーとすれば，$E_{N_0}=E^*+E'_{N'}$ であるから，

$$\begin{aligned}\varphi_{H^{*\prime}_{N'}}(E_{N_0}-H^*(\xi))\\ &= Z_{H^{*\prime}_{N'}}(\theta)\,\mathrm{e}^{\theta(E_{N_0}-H^*(\xi))}\\ &\quad\times\Big\{\frac{1}{\sqrt{2\pi B_{N'}}}\exp\Big(-\frac{(E^*-H^*(\xi))^2}{2B'_{N'}}\Big)+O\Big(\frac{1}{N'}\Big)\Big\}\end{aligned}$$

を得る．$B_{N'}\sim N'\,(N'\to\infty)$ であるから，

$$\begin{aligned}\varphi_{H^{*\prime}_{N'}}(E_{N_0}-H^*(\xi))\\ &= \frac{1}{\sqrt{2\pi B_{N'}}}Z_{H^{*\prime}_{N'}}(\theta)\,\mathrm{e}^{\theta(E_{N_0}-H^*(\xi))}\{1+o(1)\}\end{aligned}$$

となり，さらに $\lim_{N_0\to\infty} B_{N'}/B_{N_0}=1$ に注意すれば

$$\lim_{N_0\to\infty}\frac{\varphi_{H^{*\prime}_{N'}}(E_{N_0}-H^*(\xi))}{\varphi_{H^*_{N_0}}(E_{N_0})}=\frac{\mathrm{e}^{-\theta H^*}}{Z_{H^*}(\theta)}$$

が得られる．

こうして，P^*_E の $\mathrm{d}\Omega^*$ に関する密度関数は

$$\frac{1}{Z_{H^*}(\theta)}\mathrm{e}^{-\theta H^*},\qquad \Big(Z_{H^*}(\theta)=\int_{S^*}\mathrm{e}^{-\theta H^*}\,\mathrm{d}\Omega\Big)$$

により近似されることが分かった．すなわち，(S^*_0,ω^*_0,H^*_0) の分子数が膨大であれば

$$\int_{S^*} f\,\mathrm{d}P^*_E=\frac{1}{Z_{H^*}(\theta)}\int_{S^*} f\,\mathrm{e}^{-\theta H^*}\,\mathrm{d}\Omega^*$$

としてよい．この P^*_E を温度 T における**正準分布**という．正準分布は，孤立気体 (S^*_0,ω^*_0,H^*_0) の温度 T と，成分気体のハミルトニアン H^* だけで決まることに注意．P^*_E の代わりに $P_{H^*,\theta}$ により表わすことにする．

正準分布 $P_{H^*,\theta}$ により表わされる統計的状態を，温度 T における**平衡状態**という．正準分布に関する内部エネルギー $U(P_{H^*,\theta})$ について

$$U(P_{H^*,\theta}) = -\frac{\mathrm{d}}{\mathrm{d}\lambda}\log Z_{H^*}(\lambda)\Big|_{\lambda=\theta}$$

が成り立つことに注意．

正準分布は著しい性質をもつ．すなわち，つぎに述べるように，誘導と結合に関して「安定性」をもっている．

例題 3.4 気体 (S^*,ω^*,H^*) が，温度 T の平衡状態にある気体 (S_0^*,ω_0^*,H_0^*) の成分になっているとする．このとき，射影 $\pi : S_0^* \longrightarrow S^*$ により，S_0^* 上の正準分布から導かれる分布は，同じ温度 T の正準分布に等しいことを示せ．言いかえれば，温度 T の平衡状態にある気体の任意の成分は，同じ温度 T をもつ平衡状態にある．

【解】 f を S^* 上の関数として，

$$\int_{S_0^*} f\circ\pi \frac{1}{Z_{H_0^*}(\theta)}\mathrm{e}^{-\theta H_0^*}\,\mathrm{d}\Omega_0^*$$

を計算する．$(S^{*\prime},\omega^{*\prime},H^{*\prime})$ を (S^*,ω^*,H^*) の補成分とするとき，$H_0^*=H^*+H^{*\prime}$, $Z_{H_0^*}(\theta)=Z_{H^*}(\theta)Z_{H^{*\prime}}(\theta)$ であることに注意すれば，上の積分は

$$\begin{aligned}&\int_{S^*}\int_{S^{*\prime}} f(\xi)\frac{\mathrm{e}^{-\theta H^*(\xi)}}{Z_{H^*}(\theta)}\frac{\mathrm{e}^{-\theta H^{*\prime}(\xi')}}{Z_{H^{*\prime}}(\theta)}\,\mathrm{d}\Omega^*(\xi)\mathrm{d}\Omega^{*\prime}(\xi')\\ &= \int_{S^*} f\frac{\mathrm{e}^{-\theta H^*}}{Z_{H^*}(\theta)}\,\mathrm{d}\Omega^*\end{aligned}$$

に等しい． □

例題 3.5 同じ温度において平衡状態にある 2 つの気体を混合させて得られる気体を考えると，その独立結合状態はやはり同じ温度における平衡状態である．

【解】 2 つの気体を (S_1^*,ω_1^*,H_1^*), (S_2^*,ω_2^*,H_2^*) とする．このとき，以下の式が成り立つ．

$$\frac{\mathrm{e}^{-\theta H_1^*}}{Z_{H_1^*}(\theta)}\times\frac{\mathrm{e}^{-\theta H_2^*}}{Z_{H_2^*}(\theta)}=\frac{\mathrm{e}^{-\theta(H_1^*+H_2^*)}}{Z_{H_1^*+H_2^*}(\theta)}$$ □

統計的状態 P^* をもつ気体 (S^*, ω^*, H^*) を，温度 T の環境の中に置くとき，時間を十分に長く経過させれば，温度 T に対する平衡状態 $P_{H^*,\theta}$ に近づく．これを**等温時間発展**(あるいは**等温環境における時間発展**)により達せられる平衡状態という．数学的には，(S^*, ω^*, H^*) を成分とする大きな孤立気体 $(S_0^*, \omega_0^*, H_0^*)$ をとり，温度 T に対応する等エネルギー面 Σ_{0E}^* と，その上の確率測度 P_0^* を考える．ただし，P_0^* から S^* 上に誘導される確率測度は P^* に一致すると仮定する．このとき，孤立気体としての統計的状態 P_0^* の時間発展 $P_{0\,t}^*$ から S^* 上に誘導される確率測度 P_t^* が定まるが，これが統計的状態 P^* の温度 T における等温時間発展である．もし，孤立気体 $(S_0^*, \omega_0^*, H_0^*)$ が混合性を満たしていれば，P_t^* は平衡状態により近似される統計的状態に近づく．これを現象論的に理想化した言明が「等温環境において気体が平衡状態に達する」ということである．

環境(恒温槽)の代わりに，ある気体 $(S^{*\prime}, \omega^{*\prime}, H^{*\prime})$ を (S^*, ω^*, H^*) に接触させ，(S^*, ω^*, H^*) の内部エネルギー $U(P^*)$ を不変にしたまま時間発展させて，内部エネルギーが $U(P^*)$ に等しい平衡状態 $P_{H^*,\theta}$ にいたらせることができる．これを**断熱時間発展**ということにする．ここで，平衡状態の温度 $T{=}1/k\theta$ は

$$-\frac{\mathrm{d}}{\mathrm{d}\lambda}\bigg|_{\lambda=\theta} \log Z_{H^*}(\lambda) = U(P^*)$$

により求められる．これは,「断熱壁」で囲まれた容器の中の気体が平衡状態に達することの現象論モデルである．

例題 3.6　平衡状態 P_1^*, P_2^* をもつ 2 つの気体 $(S_1^*, \omega_1^*, H_1^*), (S_2^*, \omega_2^*, H_2^*)$ を考える．T_1 を P_1^* の温度，T_2 を P_2^* の温度として，$T_1{\le}T_2$ と仮定する．これら 2 つの気体を混合させて得られる気体の独立結合状態 $P^*{=}P_1^*{\times}P_2^*$ を考え，これを断熱時間発展により平衡状態 P^* に達っせさせる．このと

き，P^* の温度 T について，$T_1 \le T \le T_2$ が成り立つことを示せ．

【解】 $\theta = 1/kT, \theta_i = 1/kT_i$ とする．$\theta_2 \le \theta \le \theta_1$ を示せばよい．$\theta_1 < \theta$ と仮定しよう．$\dfrac{\mathrm{d}}{\mathrm{d}\lambda} \log Z_{H_i^*}(\lambda)$ は λ の増加関数であるから，

$$\frac{\mathrm{d}}{\mathrm{d}\lambda} \log Z_{H_1^*}\Big|_{\theta} > \frac{\mathrm{d}}{\mathrm{d}\lambda} \log Z_{H_1^*}\Big|_{\theta_1}, \quad \frac{\mathrm{d}}{\mathrm{d}\lambda} \log Z_{H_1^*}\Big|_{\theta} > \frac{\mathrm{d}}{\mathrm{d}\lambda} \log Z_{H_1^*}\Big|_{\theta_2}$$

一方，$U(P^*) = U(P_1^*) + U(P_2^*)$ から

$$\frac{\mathrm{d}}{\mathrm{d}\lambda} \log Z_{H_1^*}\Big|_{\theta_1} + \frac{\mathrm{d}}{\mathrm{d}\lambda} \log Z_{H_2^*}\Big|_{\theta_2} = \frac{\mathrm{d}}{\mathrm{d}\lambda} \log Z_{H^*}\Big|_{\theta}$$

が成り立つ．他方 $Z_{H^*} = Z_{H_1^*} Z_{H_2^*}$ であるから，

$$\frac{\mathrm{d}}{\mathrm{d}\lambda} \log Z_{H_1^*}\Big|_{\theta} + \frac{\mathrm{d}}{\mathrm{d}\lambda} \log Z_{H_2^*}\Big|_{\theta} = \frac{\mathrm{d}}{\mathrm{d}\lambda} \log Z_{H^*}\Big|_{\theta}$$

これは矛盾である．よって，$\theta \le \theta_1$．同様に $\theta_2 \le \theta$ を示すことができる．▯

これまで，大きな分子数をもつ気体の成分気体の平衡状態を扱ってきた．その議論をみれば分かるように，孤立気体の中の 1 分子 (S_i, ω_i, H_i) に対する統計的状態を考え，その平衡状態をまったく同様に定義することができる．そして，気体の分子数が大きければ，温度 T における平衡状態に対する密度関数は

$$\frac{1}{Z_{H_i}(\theta)} \mathrm{e}^{-\theta H_i} \qquad (\theta = 1/kT)$$

により近似される．これを，分子 (S_i, ω_i, H_i) に対する**マクスウェル-ボルツマン分布**という．

例 2（**1 原子理想気体**） 温度 T の環境の中にあり，空間 $\mathbb{R}^3$ の有界な領域 D に閉じ込められた気体が平衡状態にあるとしよう．気体は質量 m の同一自由原子からなると考える．気体の中の原子の個数を N として，それらに番号を付け，$(\boldsymbol{p}_i, \boldsymbol{q}_i)$ を i 番目の原子の運動量と位置を表わすことにする．1 原子のハミルトニアン H_i として，

$$H_i(\boldsymbol{p}_i, \boldsymbol{q}_i) = \frac{1}{2m} \|\boldsymbol{p}_i\|^2 + u(\boldsymbol{q}_i)$$

を考える($\boldsymbol{p}_i=(p_{i1},p_{i2},p_{i3})$, $\boldsymbol{q}_i=(q_{i1},q_{i2},q_{i3})$). 原子が D に閉じ込められていることから，ポテンシャル u として

$$u(\boldsymbol{q})=\begin{cases}0 & (\boldsymbol{q}\in D)\\ \infty & (\boldsymbol{q}\notin D)\end{cases}$$

をとるのが自然である．したがって，気体のハミルトニアン H^* は

$$H^*(\boldsymbol{p},\boldsymbol{q})=\sum_{i=1}^{N}\left(\frac{1}{2m}\|\boldsymbol{p}_i\|^2+u(\boldsymbol{q}_i)\right)$$

により与えられる．このようなハミルトニアンをもつ気体を，(1 原子)**理想気体**という．

理想気体の正準分布を計算しよう．まず，分配関数 Z_{H_i} を計算する．

$$Z_{H_i}(\lambda)=\int_{\mathbb{R}^3}\mathrm{e}^{-\frac{\lambda}{2m}\|\boldsymbol{p}_i\|^2}\mathrm{d}\boldsymbol{p}_i\int_{\mathbb{R}^3}\mathrm{e}^{-\lambda u(\boldsymbol{q}_i)}\mathrm{d}\boldsymbol{q}_i=V\int_{\mathbb{R}^3}\mathrm{e}^{-\frac{\lambda}{2m}\|\boldsymbol{p}\|^2}\mathrm{d}\boldsymbol{p}$$

ここで，V は D の体積である．公式

$$\int_{-\infty}^{\infty}\mathrm{e}^{-a^2x^2}\mathrm{d}x=\frac{\sqrt{\pi}}{|a|} \tag{3.12}$$

を利用すれば $Z_{H_i}(\lambda)=\left(\frac{2\pi m}{\lambda}\right)^{3/2}V$ を得る．よって，

$$\mathrm{d}P_{H_i,\theta}=V^{-1}\left(\frac{1}{2\pi kTm}\right)^{3/2}\mathrm{e}^{-\frac{1}{2\pi kTm}\|\boldsymbol{p}_i\|^2}\mathrm{d}\boldsymbol{p}_i\mathrm{d}\boldsymbol{q}_i$$

である．$P_{H^*,\theta}=\prod_{i=1}^{N}P_{H_i,\theta}$ であることから，温度 T で平衡状態にある理想気体の正準分布は

$$V^{-N}\left(\frac{1}{2\pi kTm}\right)^{3N/2}\mathrm{e}^{-\frac{1}{2\pi kTm}\sum_{i=1}^{N}\|\boldsymbol{p}_i\|^2}\mathrm{d}\boldsymbol{p}_1\cdots\mathrm{d}\boldsymbol{p}_N\mathrm{d}\boldsymbol{q}_1\cdots\mathrm{d}\boldsymbol{q}_N$$

により与えられる．

例題 3.7 温度 T で平衡状態にある理想気体の内部エネルギーは，$U=\frac{3}{2}NkT$ により与えられることを示せ．

【解】 $\theta=1/kT$ と置く．$\log Z_H(\theta)=N\log V-\frac{3}{2}N\log\theta+\frac{3}{2}N\log 2\pi m$ であるから，

$$U=-\frac{\mathrm{d}}{\mathrm{d}\theta}\log Z_H(\theta)=\frac{3}{2}N\theta^{-1}=\frac{3}{2}NkT$$

□

つぎに，温度 T をもつ理想気体の中の 1 原子の統計的状態に注目する．明らかに，対応する確率密度は

$$V^{-1}\Big(\frac{1}{2\pi kTm}\Big)^{3/2}\mathrm{e}^{-\frac{1}{2\pi kTm}\|\boldsymbol{p}\|^2}\mathrm{d}\boldsymbol{p}\mathrm{d}\boldsymbol{q}$$

により与えられる．$\mathrm{d}\boldsymbol{q}$ は D 上のルベーグ測度であるから，原子の位置については D 内で一様に分布する．また，原子の速度を $\boldsymbol{v}$ とすれば，$\boldsymbol{p}=m\boldsymbol{v}$ であるから，速度 $\boldsymbol{v}$ の確率密度は

$$\Big(\frac{m}{2\pi kT}\Big)^{3/2}\exp\Big(-\frac{m}{2\pi kT}\|\boldsymbol{v}\|^2\Big)\mathrm{d}\boldsymbol{v}$$

により与えられる．これは有名な**マクスウェル-ボルツマンの速度分布則**に他ならない．

> **演習問題 3.10**　N_1 個の原子をもつ温度 T_1 の理想気体と，N_2 個の原子をもつ温度 T_2 の理想気体を混合させたとき，それが平衡状態に達したときの温度 T は
>
> $$T=\frac{N_1T_1+N_2T_2}{N_1+N_2}$$
>
> により与えられることを示せ．

例 3（**空洞放射の内部エネルギー**）　本講座「物の理・数の理 3」3.4 節で，空洞の中で壁に全反射する電磁場の方程式は，互いに独立な調和振動子系と等価であることをみた．そこで，固有振動数が ν 以下の調和振動子を考え，その内部エネルギー $U(\nu)$ を計算する．この場合のハミルトニアンは $H=\frac{1}{2}p^2+2\pi^2\nu^2q^2$ であるから，公式(3.12)を使えば，固有振動数 $\nu_1,\cdots,\nu_n$ をもつ調和振動子系の分配関数は

$$Z_H(\lambda)=\frac{\lambda^{-n}}{\nu_1\cdots\nu_n}$$

により与えられることが分かる(1.2 節の最後の例参照)．

これまで論じてきた気体の統計力学を，調和振動子系に適用することにより，温度 T において「平衡状態」にある系の内部エネルギーは kTn に等しいことが結論される．よって，$\phi(\nu)$ により ν 以下の固有振動数の数を表わすことにすれば $U(\nu)=kT\phi(\nu)$ となる．$\phi(\nu)\sim\frac{8\pi}{c^3}\mathrm{vol}\,(D)\nu^3$ を思い

出そう．これが空洞放射のエネルギー分布に関する古典理論による結果である(**レイリー-ジーンズの法則**)．ν が小さい場合は，実験結果に一致することが知られている．しかし，ν が大きいとき，実際に観測されるエネルギー分布とはずれがあり，さらに $\nu \to \infty$ とすれば，$U(\nu) \to \infty$ となるから空洞放射の全内部エネルギーは無限大となるが，これは実際の現象とは矛盾する．この矛盾を解決することが量子論の勃興の 1 つの理由となったのである．

4 エントロピーとヘルムホルツの自由エネルギー

統計的状態に対して定義される**エントロピー**および**ヘルムホルツの自由エネルギー**の概念を使って，平衡状態(正準分布)を特徴付ける．エントロピーと自由エネルギーは，後でみるように，元来熱力学における概念であるが，ここではその意味に立ち入らずに定義する．本章では，気体は (S, ω, H) により表わすことにし，統計的状態 P とハミルトニアン H を合わせた (H, P) を**状態**とよぶことにする．

4.1 エントロピー

以下，考察する確率測度は，リュウビル測度 $\mathrm{d}\Omega$ に関して連続な密度関数をもつと仮定する．S 上の確率測度(統計的状態)P の**エントロピー** $\mathcal{S}=\mathcal{S}(H, P)$ は，p を $\mathrm{d}\Omega$ に関する P の密度関数とするとき

$$\mathcal{S}(H, P) = -k\int_S p \log p \ \mathrm{d}\Omega$$

により定義される(したがって，$\mathcal{S}(H, P)$ は P のみによる)．

例題 4.1 つぎの事柄を示せ.

(1) (エントロピーの加法性) 2つの状態 $(H_1, P_1), (H_2, P_2)$ を接触させて得られる独立結合状態 (H, P) $(H{=}H_1{+}H_2,\ P{=}P_1{\times}P_2)$ について

$$\mathcal{S}(H,P) = \mathcal{S}(H_1,P_1) + \mathcal{S}(H_2,P_2)$$

が成り立つ.

(2) (エントロピーの劣加法性) 2つの気体 (H_1, ω_1, H_1), (S_2, ω_2, H_2) の結合系 (S, ω, H) の状態 (H, P) から, それぞれの成分に誘導される状態 (H_1, P_1), (H_2, P_2) に対して

$$\mathcal{S}(H,P) \leq \mathcal{S}(H_1,P_1) + \mathcal{S}(H_2,P_2)$$

が成り立つ.

【解】 (1)は比較的容易である. P_i の密度関数を p_i とするとき, P の密度関数 $p(x_1, x_2)$ は $p_1(x_1)p_2(x_2)$ に等しいから

$$\begin{aligned}
&\mathcal{S}(H,P)\\
&\quad = -k\int_{S_1\times S_2} p_1(x_1)p_2(x_2)(\log p_1(x_1)\log p_2(x_2))\,\mathrm{d}\Omega_1(x_1)\mathrm{d}\Omega_2(x_2)\\
&\quad = -k\int_{S_1} p_1(x_1)\log p_1(x_1)\,\mathrm{d}\Omega_1(x_1)\int_{S_2} p_2(x_2)\,\mathrm{d}\Omega_2(x_2)\\
&\qquad -k\int_{S_1} p_1(x_1)\,\mathrm{d}\Omega_1(x_1)\int_{S_2} p_2(x_2)\log p_2(x_2)\,\mathrm{d}\Omega_2(x_2)\\
&\quad = \mathcal{S}(H_1,P_1) + \mathcal{S}(H_2,P_2)
\end{aligned}$$

(2)を証明する. このため, イェンセンの不等式を適用する. 関数 $\varphi(x){=}x\log x$ は $(0,\infty)$ で凸関数であることに注意. P, P_i の密度関数をそれぞれ $p(x_1, x_2)$, $p_i(x_i)$ とすると

$$p_1(x_1) = \int_{S_2} p(x_1,x_2)\,\mathrm{d}\Omega_2(x_2), \quad p_2(x_2) = \int_{S_1} p(x_1,x_2)\,\mathrm{d}\Omega_1(x_1)$$

である. そこでイェンセンの不等式を使えば

$$\begin{aligned}
p_1(x_1)\log p_1(x_1) = \varphi(p_1(x_1)) &= \varphi\Big(\int_{S_2} p(x_1,x_2)\,\mathrm{d}\Omega_2(x_2)\Big)\\
&= \varphi\Big(\int_{S_2} \frac{p(x_1,x_2)}{p_2(x_2)} p_2(x_2)\,\mathrm{d}\Omega_2(x_2)\Big)
\end{aligned}$$

$$\le \int_{S_2} \varphi\Big(\frac{p(x_1,x_2)}{p_2(x_2)}\Big) p_2(x_2)\, \mathrm{d}\Omega_2(x_2)$$
$$= \int_{S_2} p(x_1,x_2) \log \frac{p(x_1,x_2)}{p_2(x_2)}\, \mathrm{d}\Omega_2(x_2)$$

を得る．この両辺を S_1 上で積分すれば

$$\int_{S_1} p_1 \log p_1\ \mathrm{d}\Omega_1 \le \int_S p \log p\ \mathrm{d}\Omega - \int_{S_1\times S_2} p(x_1,x_2) \log p_2(x_2)\, \mathrm{d}\Omega_1(x_1)\mathrm{d}\Omega_2(x_2)$$
$$= \int_S p\log p\ \mathrm{d}\Omega - \int_{S_2} p_2 \log p_2\ \mathrm{d}\Omega_2$$

を得る．これは主張に他ならない．　□

例 1　正準分布 $(H, P_{H,\theta})$ について，$\mathcal{S}(H, P_{H,\theta}) = -k\log\dfrac{\mathrm{e}^{-\theta U}}{Z_H(\theta)}$ である．ここで，U は正準分布に対する内部エネルギーである．

つぎの例題は，エントロピーを用いた正準分布の特徴付けである．

例題 4.2（**エントロピー最大の原理**）　与えられた U に対して，条件 $\int_S Hp\mathrm{d}\Omega = U$ の下で $\mathcal{S}(p)$ を最大にする確率密度関数 p は正準分布 $p = \dfrac{1}{Z_H(\theta)}\mathrm{e}^{-\theta H}$ であることを示せ．ここで，θ は内部エネルギー U に対応する θ である．

換言すれば，内部エネルギー U をもつ状態 (H, P) に対して，不等式

$$\mathcal{S}(H,P) \le \mathcal{S}(H, P_{H,\theta}) \quad (T = 1/k\theta)$$

が成り立ち(**ギブズの不等式**)，等号は $P = P_{H,\theta}$ のときのみ成り立つ．

【解】　$p_\theta = \dfrac{1}{Z_H(\theta)}\mathrm{e}^{-\theta H}$ と置く．$p = fp_\theta$ により S 上の関数 f を定義すると，

$$\int_S p\log p\ \mathrm{d}\Omega = \int_S fp_\theta(\log f + \log p_\theta)\ \mathrm{d}\Omega$$
$$= \int_S (f\log f)\cdot p_\theta\ \mathrm{d}\Omega + \int_S fp_\theta \log p_\theta\ \mathrm{d}\Omega$$

である．$p_\theta \log p_\theta = -p_\theta\big(\theta H + \log Z_H(\theta)\big)$ であるから，

$$\int_S fp_\theta \log p_\theta \ \mathrm{d}\Omega = -\theta\int_S Hfp_\theta \ \mathrm{d}\Omega - \log Z_H(\theta)\int_S fp_\theta \ \mathrm{d}\Omega$$
$$= -\theta U - \log Z_H(\theta) = \int_S p_\theta \log p_\theta \ \mathrm{d}\Omega$$

となる．よって，条件 $\int_S fp_\theta \ \mathrm{d}\Omega=1$, $f>0$ の下で

$$L(f) := \int_S (f\log f)\cdot p_\theta \ \mathrm{d}\Omega \geq 0$$

であり，しかも等号は $f\equiv 1$ のときのみ成り立つことを示せばよい．ここで，条件 $\int_S Hp \ \mathrm{d}\Omega=U$ はなくてもよい．

$$f_t = (1-t)1+tf = 1+t(f-1) \quad (0\leq t\leq 1)$$

と置こう．$f_0\equiv 1$, $f_1=f$, $f_t>0$, $\int_S f_t p_\theta \ \mathrm{d}\Omega=1$ に注意．

$$\frac{\mathrm{d}}{\mathrm{d}t}L(f_t) = \int_S(\dot{f}_t\log f_t)\cdot p_\theta \ \mathrm{d}\Omega + \int_S \dot{f}_t p_\theta \ \mathrm{d}\Omega = \int_S(\dot{f}_t\log f_t)\cdot p_\theta \ \mathrm{d}\Omega,$$
$$\frac{\mathrm{d}^2}{\mathrm{d}t^2}L(f_t) = \int_S(\ddot{f}_t\log f_t)\cdot p_\theta \ \mathrm{d}\Omega + \int_S \frac{(\dot{f}_t)^2}{f_t}p_\theta \ \mathrm{d}\Omega$$
$$= \int_S \frac{(f-1)^2}{1+t(f-1)}p_0 \ \mathrm{d}\Omega \geq 0$$

さらに $\left.\frac{\mathrm{d}}{\mathrm{d}t}L(f_t)\right|_{t=0}=0$ であるから，$L(f)\geq L(1)$ が成り立つ．等号に関する主張は，$f\not\equiv 1$ であるとき $\frac{\mathrm{d}^2}{\mathrm{d}t^2}L(f_t)>0$ より明らか．　□

例題 4.3　平衡状態にある 2 つの気体を考え，それらのエントロピーを $\mathcal{S}_1, \mathcal{S}_2$ とする．この 2 つの気体を混合させて得られる気体の独立結合状態(一般に平衡ではない)を考え，それと同じ温度をもつ結合系の平衡状態のエントロピーを $\mathcal{S}$ とするとき，$\mathcal{S}_1+\mathcal{S}_2\leq\mathcal{S}$ が成り立つことを示せ．

【解】　独立結合状態のエントロピーは $\mathcal{S}_1+\mathcal{S}_2$ であるから，上の定理から明らか．　□

前に述べたように，断熱壁で囲まれた状態 (H,P) をもつ気体をそのまま放っておくと，気体は平衡状態に達する．この平衡状態 $(H,P_{H,\theta})$ の温度 $T=1/k\theta$ は，条件 $U(H,P)=U(H,P_{H,\theta})$ により決まる．したがって，$\mathcal{S}(H,P)\leq\mathcal{S}(H,P_{H,\theta})$ である．このことをエントロピー不等式の立場からつぎのように拡大解釈

することがある．

「断熱時間発展の下では，必ずエントロピーが増大し，エントロピー最大の状態である平衡状態に近づいていく」(**エントロピー増大則**)

上の系も，混合の初期状態から平衡状態への変化におけるエントロピー増大を意味していると考えることができる．

例題 4.4（**エネルギー最小の原理**）　(H,θ) に対する正準分布 $P_{H,\theta}$ について，$\mathcal{S}(P)=\mathcal{S}(P_{H,\theta})$ を満たす任意の確率測度 P を考える．このとき $U(H,P)\geq U(H,P_{H,\theta})$ を示せ．さらに，等号は $P=P_{H,\theta}$ のときのみ成り立つことを示せ．

【**解**】　$p=fp_\theta$ とするとき

$$\theta\bigl(U(H,P)-U(H,P_{H,\theta})\bigr)=\int_S (f\log f)p_\theta\,\mathrm{d}\Omega$$

が成り立つことに注意すればよい．　□

これまで，エントロピーによる正準分布の特徴付けを行ってきたが，つぎの例題でみるように，小正準分布についても同様のことが成り立つ．

例題 4.5　エネルギー E をもつ孤立気体 (S,ω,H) の統計的状態 P（等エネルギー面 Σ_E 上の確率測度）に対して，

$$\mathcal{S}(H,P)=\int_{\Sigma_E} p\log p\ \mathrm{d}\Omega_E$$

と置く．ただし，p は $\mathrm{d}\Omega_E$ に関して連続な P の密度関数とする．つぎのことを示せ．

(1)　P_E を平衡状態（小正準分布）とするとき，$\mathcal{S}(H,P)\leq\mathcal{S}(H,P_E)$ が成り立ち，等号は $P=P_E$ のときのみに成立する．

(2)　H のハミルトン流 T_t による P の時間発展 P_t に対して，$\mathcal{S}(H,P_t)$ は t によらない．

（混合性をもつ孤立気体の非平衡状態 P について，$t\uparrow\infty$ のとき P_t は

P_E に近づくから，(1)と(2)は一見矛盾するようにみえる．実は，確率測度の弱収束から $\mathcal{S}(H,P_t)$ の $\mathcal{S}(H,P_E)$ への収束は導かれないのである．)

【解】 (1)については，例題4.2の解に与えた方法とまったく同様に示すことができる．P_t の密度関数は $p_t=p\circ T_{-t}$ により与えられるから，ハミルトン流に関する $\mathrm{d}\Omega_E$ の不変性から(2)が導かれる． ▯

■4.2 ヘルムホルツの自由エネルギー

$T>0$ および確率測度 P (密度関数 p)に対して，**ヘルムホルツの自由エネルギー** $F(H,P,T)$ を

$$F(H,P,T) = \int_S Hp\ \mathrm{d}\Omega + kT\int_S p\log p\ \mathrm{d}\Omega\ (= U - T\mathcal{S})$$

により定義する．

例2 正準分布 $(H,P_{H,\theta})$ に対する自由エネルギーは，$T=1/k\theta$ とするとき

$$F(H,P_{H,\theta},T) = -kT\log Z_H(\theta)$$

である．これを以下，$F(H,T)$ により表わす．

例題4.6 (**自由エネルギー最小の原理**) 固定した T の下で，$F(H,P,T)$ を最小にする p は，温度 T に対する正準分布 $\dfrac{1}{Z_H(\theta)}\mathrm{e}^{-\theta H}$ $(\theta=1/kT)$ に限ることを示せ．

【解】 上と同様に $p_\theta=\dfrac{1}{Z_H(\theta)}\mathrm{e}^{-\theta H}$, $p=fp_\theta$ とすれば，

$$\begin{aligned} F(H,P,T) &= kT\int_S (f\log f)\cdot p_\theta\ \mathrm{d}\Omega - kT\log Z_H(\theta) \\ &= kT\int_S (f\log f)\cdot p_\theta\ \mathrm{d}\Omega + F(H,P_{H,\theta},T) \end{aligned}$$

であるから，上の証明に帰着される． ▯

2つの気体の独立結合状態 $(H,P)=(H_1+H_2, P_1\times P_2)$ に対し

情報理論におけるエントロピー

エントロピーは「変化」を意味するギリシア語から派生した用語で，クラウジウスが最初に使用したものである(1865 年)．あえてその和訳を与えるとすれば「変化容量」ということになるだろう．

統計力学とは一見無縁の分野にエントロピーの概念が登場する．その分野とは情報理論である．ある事柄に関する情報の獲得は，その事柄についての不確実性の減少を意味し，不確実性を表わす量としてエントロピーが定義されるのである．

有限個の事象からなる確率空間 (S,P) を考え，事象 $x \in S$ が起こる確率を $P(x)$ とする．(S,P) を情報源と考え，$-\log P(x)$ を事象 x の自己情報量という．自己情報量の平均値(期待値)

$$H(P) = -\sum_{x \in S} P(x) \log P(x)$$

を，情報源 (S,P) のエントロピーという．この H はつぎの性質をもつことが容易に確かめられる．

(1) $H(P) \geq 0$ であり，ある x について $P(x)=1$ となるときのみ等号が成り立つ($0 \cdot \log 0 = 0$ とする)．すなわち，確率 1 でただ 1 つの事象が起こる．

(2) n を事象の個数とするとき $H(P) \leq \log n$ が成り立つ．等号は，どの事象が起こるのか最も不確実な場合の等確率のとき，すなわち $P(x)=1/n \ (x \in S)$ のときのみ成り立つ．

このことから，$H(P)$ は情報源の先験的不確実性を表わす量であることが分かる．この観点から統計力学における最大エントロピー原理をみると，(内部エネルギー一定の条件の下で)正準分布が「等確率」にあたる分布であることを意味している．

エントロピーと同種の量は，統計学，確率論，力学系など，様々な分野で導入されている．

て，

$$F(H,P,T) = F(H_1,P_1,T) + F(H_2,P_1,T)$$

ラプラスの魔

古典的確率論を確立したラプラスは，「決定論的」世界観の信奉者でもあった．初期状態(位置と速度)を与えれば，その後の状態は完全に決定されるという，ニュートン力学の基本原理が物理世界のすべての事象に適用されると信じていたのである．ラプラスは「確率の哲学的試論」(1814 年)[6]の中でつぎのように言う．「ある知性が，与えられた時点において自然を動かしているすべての力と自然を構成しているすべての存在物のそれぞれの状況を知っているとし，さらにこれらの与えられた情報を分析する能力をもっているとしたならば，この知性は，同一の方程式のもとに，宇宙の中の最も大きな物体の運動も，また最も軽い原子の運動をも包摂せしめるであろう．この知性にとって不確かなものは何一つないであろうし，その目には未来も過去も同様に存在することであろう」．この「知性」をラプラスの魔(デーモン)という．ところが，ラプラスが「試論」の中で展開していることは，「偶然」を扱う確率の考え方である．これは，決定論的世界観とはまったく合い入れないように思われる．ラプラスの心の内ではどのように折り合っていたのだろうか．

ラプラスはこう考える．人間精神には時間的空間的な限界があり，「知性」がもつすべての情報と知識を共有することはできない．そこで，人間精神が世界を理解しようとするときは，その知識の不完全さから生じる「不確

が成り立つことは容易に分かる．このことから，平衡状態の自由エネルギーに関してつぎの不等式を得る．

$$F(H_1+H_2,T) \leq F(H_1,T)+F(H_2,T)$$

ヘルムホルツの自由エネルギー不等式に対しては，等温環境の下における気体の平衡状態への収束と関連付けて，つぎのように拡大解釈されることがある．

「等温時間発展の下では，必ず自由エネルギーが減少し，自由エネルギー最小の状態である平衡状態に近づいていく」(**ヘルムホルツの自由エネルギー減少則**)

かさ」を避けることができない．この不確かさを確率概念で分析し，より確かな知識を得ること，すなわち「知性」に人間が近づくこと，これがラプラスのめざしたことであった．ラプラスにとっては，確率論が啓蒙主義および科学的方法論と不可分一体なものであったことが分かる．

実は，ラプラスの魔と同じような考え方は，中世神学の基礎を築いたと言われるボエティウス(480 頃-525 頃)にもみられる(もちろん，当時の科学の限界もあって思弁的なものではあるが)．彼によれば「全知全能の神は，すべての出来事を現在の出来事として，つまり永遠の現在をみるのに対し，人間はものごとを過去から現在そして未来への時間の流れを追ってみることしかできない．神の定めたものごとの流れは，摂理として永遠に決定されているのに対し，有限の知能しかもたない人間には，摂理は認識しえない偶然の戯れとして，つまり転変きわまりない運命として現れる．とはいえ，予測(認識)不可能な運命のもとで人間は自由意思があるように感じることができる」．

ところで，決定論的観点と確率的観点の相克は，簡単な数学モデルにおいても現れる．ポアンカレが最初に指摘したように，解の長時間挙動が初期条件のとり方に極めて鋭敏な微分方程式が存在するのである．このような方程式の解を扱うには，決定論的観点だけでは不十分なのである．

注意　上で，「拡大解釈」によるエントロピー増大則とヘルムホルツの自由エネルギー減少則を述べたが，このことについては吟味の必要がある．エントロピーと自由エネルギーは元来熱力学上の概念であり，減少則や増大則は熱力学上の経験則に基づいている．それらが，本節で定義したエントロピーおよび自由エネルギーと一致し，さらに上のような拡大解釈を許すのかどうかは議論を要するのである(このことは，温度概念にも当てはまる)．問題は，気体の統計力学の背景にある力学理論の「決定論」的性格や時間反転に関する対称性が，減少則や増大則に矛盾なく「折り合う」かということである．

このような疑問は，ボルツマンとマクスウェルが統計力学を建設した直後から提出されていた．その歴史的事情を説明するため，ボルツマンが導出したエントロピー減少則に類似する「H 定理」を述べよう．簡単のため 1 種類の分子 (S, ω, H) からなる孤立気体を考え，分子の個数分布関数を f とする．ボルツマンは，

$$\mathcal{H} = \int_S f \log f \, \mathrm{d}\Omega$$

により定義される量(**ボルツマンの量** $\mathcal{H}$)を導入し，その時間変化に関して $\dfrac{\mathrm{d}\mathcal{H}}{\mathrm{d}t} \leq 0$ が成り立つことを主張した(すなわち $\mathcal{H}$ は減少する)．そして，$t \uparrow \infty$ において，最小の $\mathcal{H}$ をとる個数密度を与えるマクスウェル-ボルツマン分布に近づくことを言明したのである(ボルツマンの H 定理；1872 年)．この証明のため，ボルツマンは分子の間の相互作用(衝突)について詳細な考察を行うことにより，f が満たす方程式として，微分積分方程式(**ボルツマンの方程式**)を導いた．

ここで，つぎのような疑問が起こる．もし，気体の力学系が時間反転に関して対称性をもつとき(H が運動エネルギーとポテンシャル・エネルギーの和の場合)，H 定理の言明は時間の逆行に対しても成立することになり，$\dfrac{\mathrm{d}\mathcal{H}}{\mathrm{d}t} = 0$ が結論されてしまうのではないか．このような疑問は，ボルツマンの論文が出版された直後に，ロシュミットにより指摘された(1876 年)．

ボルツマンの H 定理が陥った困難を救うため，エーレンフェストをはじめとする物理学者たちは H 定理の「確率的解釈」を与えた．この解釈を現代的立場から言えば(エーレンフェストの解釈とは異なるが)，分子の個数を無限大にしたときには，分子たちの運動にはランダム性が強く反映し，極限では古典力学だけでは説明不能な「確率過程」として捉えるべきものになるということである(正準分布やマクスウェル-ボルツマン分布も，分子数を無限大としたときの極限において得られる分布であり，有限自由度の力学系の範囲内では達せられない)．実際，ボルツマンの方程式には，衝突の解析に確率的な考察が入りこんでいる．

ボルツマンの量 $\mathcal{H}$ は，気体の統計的状態に対するエントロピーにその形が似ている．また，増大性と減少性の違いはあれど，H 定理はエントロピーの増大則に対応しているようにみえる．実際，全個数で割ることにより正規化された分子の個数分布を，気体の統計的状態から 1 分子に誘導された確率分布と同一視すれば，数学的には(符号と定数倍，そして定数差を

除いて）それらは同じものといってよい．ただ，「気体の中の分子」と「環境の中の成分気体」という物理学上の言葉遣いの違いによって使い分けているだけである（ところで，H 定理の名前の由来は，ボルツマンの論文の中に大文字の書体で書かれていた文字 E を，英国の物理学者が H と読み違えたことにあるという．ボルツマン自身は「最小定理」とよんでいた）．

ギブズは，エントロピーの増大則を「疎視化」の観点から説明しようとしたが（[8]参照），今述べた観点から，この場合もボルツマンの量と同様に，確率的解釈を行うのが自然であろう．

5
熱力学

熱力学は，気体が環境や熱源から吸収(あるいは放出)する「熱」と，気体の「力学的変化」が起こす「仕事」の間の関係を調べることを目標とする．熱源自身は環境と同様，温度のみで特徴付けられるものであり，熱の吸収・放出にのみ関わり，そのことにより温度変化は起きないものとする．気体の「力学的変化」は，気体を規定する力学的状態であるハミルトニアンの変化と考える．この力学的変化の過程で，気体を取り巻く条件も変化させてよい．この変化として現実に考えるのは，熱源の取り替えと，「熱」を逃がさないようにする断熱壁の設置と除去である．断熱壁が設置されているときは，当然のことながら熱源は気体に影響を与えない．このような状況下で気体の力学的変化と条件の変化を行う行為を**操作**という．本章では，操作の種類を準静操作と一般の操作の場合に分けて，それに応じた熱力学を論じる．

■5.1　準静操作の熱力学

操作の過程では，一般には気体は平衡状態から外れることがある．しかし，操作をゆっくり行えば，操作の途中で気体が常に平衡状態を保つようにすることができる(と考えてよい)．すなわち，操作のある時点で，力学的状態が H であり，熱源の温度が T であるとき，気体の状態は $(H, P_{H,\theta})$ $(\theta=1/kT)$ であるとしてよい．このような理想的な操作を**準静操作**という．したがって，準静操作に対して，平衡状態のなす「空間」の中の曲線が得られる．この曲線も準静操作とよぶことにする．

準静操作を厳密に定義するために，記号を導入しよう．Λ_0 により，平衡状態 $(H, P_{H,\theta})$ 全体のなす集合とする．ただし，考察するハミルトニアンの族としては，有限個のパラメータで特徴付けられるものを考えるべきなのであるが，しばらくの間，このことには触れない(5.2 節参照)．前に述べたように，平衡状態はハミルトニアン H と温度 T (あるいは $\theta=1/kT$)により完全に決定されることに注意．以下，平衡状態を α, β などで表わし，ハミルトニアンと温度を明記するときは (H, T) (あるいは (H, θ))により表わすことにする．

準静操作とは，Λ_0 の中の曲線，すなわち写像 $c : [a, b] \longrightarrow \Lambda_0$ のことである．$c(a)=o(c)$, $c(b)=t(c)$ と表わす．準静操作としては，連続であってしかも通常区分的に「滑らかな」ものを考える．

これから，準静操作の下での仕事と熱について論じるが，このため，熱力学的関数の概念が重要な役割を果たす．**熱力学的関数**とは，Λ_0 上の関数，すなわち (H, θ) を「変数」とする関数 $f(H, \theta)$ のこととする．

例 1

(1) 分配関数 $Z_H(\theta)$．以下，これを $Z_H(T)$ と記す．

(2) 正準分布に対する内部エネルギー．

$$U(H,T) = -\frac{\mathrm{d}}{\mathrm{d}\theta}\log Z_H(\theta) = kT^2\frac{\mathrm{d}}{\mathrm{d}T}\log Z_H(T)$$

（3）正準分布に対するエントロピー．

$$\mathcal{S}(H,T) = -k\log\frac{\mathrm{e}^{-\theta U(H,\theta)}}{Z_H(\theta)} = k\Big(\log Z_H(\theta) - \theta\frac{\mathrm{d}}{\mathrm{d}\theta}\log Z_H(\theta)\Big)$$
$$= k\Big(\log Z_H(T) + T\frac{\mathrm{d}}{\mathrm{d}T}\log Z_H(T)\Big)$$

（4）正準分布の内部エネルギーの温度に関する変化率 $\mathrm{d}U/\mathrm{d}T$ を**比熱**という．

$$\frac{\mathrm{d}U}{\mathrm{d}T} = 2kT\frac{\mathrm{d}}{\mathrm{d}T}\log Z_H(T) + kT^2\frac{\mathrm{d}^2}{\mathrm{d}T^2}\log Z_H(T) = T\frac{\mathrm{d}\mathcal{S}}{\mathrm{d}T}$$

（5）正準分布に対するヘルムホルツの自由エネルギー．

$$F(H,T) = -\theta^{-1}\log Z_H(\theta) = -kT\log Z_H(T)$$

例題 5.1 H を固定したとき

$$\frac{\mathrm{d}}{\mathrm{d}\theta}\mathcal{S}(H,\theta) = -k\theta\frac{\mathrm{d}^2}{\mathrm{d}\theta^2}\log Z_H(\theta) < 0$$

が成り立つことを示せ．このことから，H を固定したとき，エントロピー $\mathcal{S}(H,T)$ は温度 T の増加関数であることが分かる．

【解】 $\mathcal{S}=k\Big(\log Z_H(\theta) - \theta\frac{\mathrm{d}}{\mathrm{d}\theta}\log Z_H(\theta)\Big)$ の両辺を微分すればよい．□

演習問題 5.1 つぎの等式を示せ．

$$\frac{\mathrm{d}U}{\mathrm{d}T} = T\frac{\mathrm{d}\mathcal{S}}{\mathrm{d}T},\quad \frac{\mathrm{d}F}{\mathrm{d}T} = -\mathcal{S},\quad U = -T^2\frac{\mathrm{d}}{\mathrm{d}T}\Big(\frac{F}{T}\Big),\quad \frac{\mathrm{d}\mathcal{S}}{\mathrm{d}U} = \frac{1}{T}$$

準静操作 $c:[a,b] \longrightarrow \Lambda_0$ の下で外界になされる**仕事** $W(c)$ と，気体に発生する**熱** $Q(c)$ についてつぎのように定義する．まず仕事については，

$$W(c) = -\int_a^b\Big(\int_S\frac{\mathrm{d}H(t)}{\mathrm{d}t}\,\mathrm{d}P_{H(t),\theta(t)}\Big)\mathrm{d}t$$

とする．ここで，$c(t)=(H(t),\theta(t))$ とする．通常，$\dfrac{\mathrm{d}H(t)}{\mathrm{d}t}$ は操作が生じる**外力**と考える．よって，$\displaystyle\int_S \frac{\mathrm{d}H(t)}{\mathrm{d}t}\mathrm{d}P_{H(t),\theta(t)}$ は外力の平均である．これを準静操作の過程に沿って積分しているから，仕事と思うことにするのである．仕事は，準静操作の径数のとり方にはよらないことに注意．すなわち，s の滑らかな増加関数 $t=t(s)$ により，$c'(s)=c(t(s))$ と置くとき，$W(c')=W(c)$ である．

熱については

$$Q(c)=\int_a^b\Big(\int_S H(t)\frac{\mathrm{d}p_{\theta(t)}}{\mathrm{d}t}\mathrm{d}\Omega\Big)\mathrm{d}t$$

とおく．符号を変えると，$-W(c)$ は気体になされる仕事であり，$-Q(c)$ は気体から外に発生する熱と考えられる．

内部エネルギーについて

$$U(c(t))=\int_S H(t)\ \mathrm{d}P_{\theta(t)}=\int_S H(t)p_{\theta(t)}\,\mathrm{d}\Omega$$

であるから，両辺を t で微分し，そして a から b まで積分することにより

$$\begin{aligned}U(t(c))-U(o(c))=U(c(b))-U(c(a))&=\int_a^b\frac{\mathrm{d}}{\mathrm{d}t}U(c(t))\,\mathrm{d}t\\&=-W(c)+Q(c)\end{aligned}$$

となる．これは，エネルギーの保存則が成り立つように熱を定義したことを意味する．

さらに，具体的に計算しよう．

$$\Big\langle\frac{\mathrm{d}H}{\mathrm{d}t}\Big\rangle_\theta=\frac{1}{Z_H(\theta)}\int_S\frac{\mathrm{d}H}{\mathrm{d}t}\mathrm{e}^{-\theta H}\,\mathrm{d}\Omega$$

と置く．

エネルギーとは何か

これまで，運動エネルギーから始まり，ポテンシャル(位置)エネルギー，電磁場のエネルギー，熱エネルギーなど，さまざまな形のエネルギー概念が定義されてきた．一般に，エネルギーは物理学的な仕事に換算しうる量の総称であるが(ヤング，1807年)，本文でも述べたように，歴史を振り返ればエネルギー保存則が満たされるようにエネルギー概念が拡張されてきたことになる．例えば，摩擦がある場合，運動エネルギーとポテンシャル・エネルギーの和に対して保存則は成り立たない．そこで摩擦により発生する熱もエネルギーの一形態として取り込むことによりエネルギー保存則を成り立たせることができる．また，電磁場のエネルギーのように，エネルギー保存則はすぐには「みえない」物理的対象を「実体化」するのに極めて有効な概念でもある(本講座「物の理・数の理 3」3.1節)．

$$\left\langle \frac{\mathrm{d}H}{\mathrm{d}t} \right\rangle_\theta = -\frac{1}{Z_H(\theta)}\frac{1}{\theta}\int_S \left(\frac{\mathrm{d}}{\mathrm{d}t}\mathrm{e}^{-\theta H} + \frac{\mathrm{d}\theta}{\mathrm{d}t}H\mathrm{e}^{-\theta H}\right)\mathrm{d}\Omega$$
$$= -\frac{1}{\theta}\left(\frac{\mathrm{d}}{\mathrm{d}t}\log Z_H(\theta) + \frac{\mathrm{d}\theta}{\mathrm{d}t}U(c(t))\right)$$

よって，

$$\theta\left(\frac{\mathrm{d}U}{\mathrm{d}t} - \left\langle \frac{\mathrm{d}H}{\mathrm{d}t} \right\rangle_\theta\right) = \frac{\mathrm{d}}{\mathrm{d}t}\left(\log Z_H(\theta) + \theta U\right) = k^{-1}\frac{\mathrm{d}}{\mathrm{d}t}\mathcal{S}(H,\theta)$$

を得る．両辺を θ で割り，c に沿って積分すれば

$$Q(c) = \int_a^b T\frac{\mathrm{d}\mathcal{S}}{\mathrm{d}t}\,\mathrm{d}t \tag{5.1}$$

となる($T=1/k\theta$)．

例 2 $V>0$ に対して領域 D_V で，その体積が V であるようなものを考え，さらに，D_V は V に関して滑らかに変形すると仮定する．たとえば，ピストンのついたシリンダーの内部を D_V とし，ピストンで体積を調整する状況を考える．D_V 内の一定温度 T の理想気体のハミルトニアンを H_V

としよう．前にみたように，

$$\log Z_{H_V}(\theta) = N\log V - \frac{3}{2}N\log\theta + \frac{3}{2}\log 2\pi m$$

であるから，V を動かすことにより生じる外力の平均(一般化された圧力)は

$$-\frac{1}{\theta}\frac{\mathrm{d}}{\mathrm{d}V}\log Z_{H_V}(\theta) = -N\frac{1}{\theta}\frac{\mathrm{d}}{\mathrm{d}V}\log V = -\frac{N}{\theta V} = -\frac{kNT}{V}$$

これの符号を変えたもの，すなわち理想気体に働く力の平均の絶対値 $p{=}kNT/V$ が**圧力**である．こうして，理想気体の**状態方程式** $pV{=}kNT$ が得られる．

> **演習問題 5.2** 理想気体のエントロピー $\mathcal{S}$ について
>
> $$\mathcal{S} = kN\log V + \frac{3}{2}kN\log T + C,$$
> $$\left(C = \frac{3}{2}kN\log k + \frac{3}{2}k\log 2\pi m + \frac{3}{2}kN\right)$$
>
> が成り立つことを示せ．

準静操作 $c:[a,b]\longrightarrow\Lambda_0$ は，

(1) $\theta(t)$=定数 であるとき，**等温準静操作**

(2) $\displaystyle\int_S H(t)\frac{\mathrm{d}p_{\theta(t)}}{\mathrm{d}t}\mathrm{d}\Omega\equiv 0$ であるとき，**断熱準静操作**

とよばれる．

温度 T での等温準静操作 $c:[a,b]\longrightarrow\Lambda_0$ を考えるとき，

$$\begin{aligned}-W(c) &= U(t(c)) - U(o(c)) - T[\mathcal{S}(t(c)) - \mathcal{S}(o(c))]\\ &= F(t(c)) - F(o(c))\end{aligned}$$

であるから，等温準静操作に対する仕事は，開始状態 $c(a)$ と終了状態 $c(b)$ のみにより，その途中の状態にはよらない(F は平衡状態に対するヘルムホルツの自由エネルギーである)．とくに，$c(a){=}c(b)$ の場合，$W(c){=}0$ である．

さらに温度 T における等温準静操作については,

$$Q(c) = T\big(\mathcal{S}(t(c)) - \mathcal{S}(o(c))\big)$$

が成り立つ. 他方

$$T\frac{\mathrm{d}\mathcal{S}}{\mathrm{d}t} = \int_S H(t)\frac{\mathrm{d}p_{\theta(t)}}{\mathrm{d}t}\,\mathrm{d}\Omega$$

であるから, $c:[a,b] \longrightarrow \Lambda_0$ が断熱準静操作であるための必要十分条件は, $\mathcal{S}(c(t))$ が定数であること(すなわち, 準静操作が等エントロピー面上でなされること)が必要十分条件である. このとき,

$$W(c) = U(o(c)) - U(t(c))$$

が成り立つ.

形式的に,

$$\frac{\delta W}{\mathrm{d}t} = -\left\langle \frac{\mathrm{d}H}{\mathrm{d}t} \right\rangle_\theta, \quad \frac{\delta Q}{\mathrm{d}t} = \frac{\mathrm{d}U}{\mathrm{d}t} + \frac{\delta W}{\mathrm{d}t}$$

と置いて, これらをそれぞれ**仕事微分**, **熱微分**とよぶことにする. (5.1)から, $\dfrac{\delta Q}{\mathrm{d}t} = T\dfrac{\mathrm{d}S}{\mathrm{d}t}$ が成り立つ. よって, 準静操作 c に対して,

$$\int_c \frac{\delta Q}{T} = \mathcal{S}(t(c)) - \mathcal{S}(o(c)) \tag{5.2}$$

が成り立つ. ここで, $\displaystyle\int_c \frac{\delta Q}{T}$ は, $\displaystyle\int_a^b \frac{1}{T}\frac{\delta Q}{\mathrm{d}t}\mathrm{d}t$ を意味する.

演習問題 5.3 1 原子理想気体において, 体積と温度を変化させる準静操作を考えるとき, これが断熱操作であるための必要十分条件は $VT^{3/2}$=定数であることを示せ. これを, 1 原子理想気体に対する**ポアソンの関係式**という.

等温準静操作と断熱準静操作について，つぎの要請を置こう．

要請

（a）任意の平衡状態 α と任意の $Q \in \mathbb{R}$ に対して，$o(c)=\alpha$, $Q(c)=Q$ となる等温準静操作 c が存在する．言いかえれば，与えられた熱源から任意の熱量を吸収するような準静操作が存在する．$Q(c)=T\big(\mathcal{S}(t(c))-\mathcal{S}(\alpha)\big)$ であるから，この要請によれば，固定された温度でエントロピーはすべての値をとりうることになる．

（b）$\mathcal{S}(\alpha)=\mathcal{S}(\beta)$ であれば，$o(c)=\alpha$, $t(c)=\beta$ となる断熱準静操作 c が存在する．言いかえれば，任意の $c \in \mathbb{R}$ に対して，$\mathcal{S}^{-1}(c)$ は「弧状連結」である．

$o(c)=t(c)$ であるような準静操作 c が，4 つの準静操作 c_1, c_2, c_3, c_4 を順次つないで得られるものとする．さらに，c_1, c_3 はそれぞれ温度 T_1, T_3 の等温準静操作，c_2, c_4 はそれぞれエントロピー $\mathcal{S}_2, \mathcal{S}_4$ の断熱準静操作とする．このとき，つぎの事柄が成り立つ．

（1）（**クラウジウスの公式**）　$\dfrac{Q(c_1)}{T_1}+\dfrac{Q(c_3)}{T_3}=0$

（2）$W(c)=Q(c_1)+Q(c_3)=(T_1-T_3)(\mathcal{S}_2-\mathcal{S}_4)$

（3）$T_1>T_3, Q(c_1)>0$ のとき，$Q(c_3)<0, W(c)>0$ であり，$T_1>T_3, Q(c_1)<0$ のとき，$Q(c_3)>0, W(c)<0$ である．

このような準静操作 c のことを，温度 T_1 をもつ熱源と温度 T_3 をもつ熱源の間の**カルノー・サイクル**という（図 5.1 参照）．

（3）の前半の場合，カルノー・サイクルは高温の熱源から正の熱を吸収し，低温の熱源に正の熱を放出することにより，それらの熱量の差に相当する正の仕事を外界に行う「熱機関」と考えることができる．また，（3）の後半については，外から正の仕事を行って，低温部から高温部に熱を移動させる「冷却器」を想像すればよい（一般の熱機関については 5.4 節を参照）．

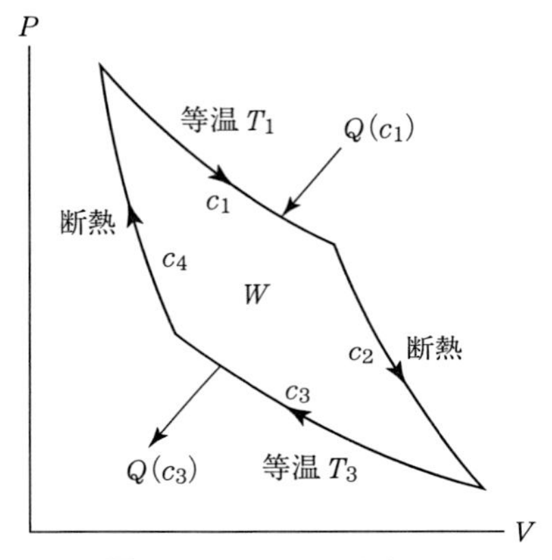

図 5.1 カルノー・サイクル

(1)は(5.2)の特別な場合である．(2)については，$W(c)=W(c_1)+W(c_2)+W(c_3)+W(c_4)$ に注意して，

$$W(c_1)=U(o(c_1))-U(t(c_1))+Q(c_1)$$
$$W(c_2)=U(o(c_2))-U(t(c_2))$$
$$W(c_3)=U(o(c_3))-U(t(c_3))+Q(c_3)$$
$$W(c_4)=U(o(c_4))-U(t(c_4))$$

であるから，これらを足し合わせれば，内部エネルギーの項はキャンセルして $W(c)=Q(c_1)+Q(c_3)$ を得る．一方，

$$Q(c_1)=T_1\bigl(\mathcal{S}(t(c_1))-\mathcal{S}(o(c_1))\bigr),$$
$$Q(c_3)=T_3\bigl(\mathcal{S}(t(c_3))-\mathcal{S}(o(c_3))\bigr)$$

であり

$$\mathcal{S}(t(c_1))=\mathcal{S}(o(c_2))=\mathcal{S}(t(c_2))=\mathcal{S}(o(c_3))=\mathcal{S}_2,$$
$$\mathcal{S}(t(c_3))=\mathcal{S}(o(c_4))=\mathcal{S}(t(c_4))=\mathcal{S}(o(c_1))=\mathcal{S}_4$$

が成り立つ．よって，$Q(c_1){=}T_1(\mathcal{S}_2{-}\mathcal{S}_4)$，$Q(c_3){=}T_3(\mathcal{S}_4{-}\mathcal{S}_2)$ となるから，

$$W(c) = T_1(\mathcal{S}_2{-}\mathcal{S}_4){+}T_3(\mathcal{S}_4{-}\mathcal{S}_2) = (T_1{-}T_3)(\mathcal{S}_2{-}\mathcal{S}_4)$$

を得る．(3)は，(1)，(2)から容易に導かれる．

例題 5.2 理想気体に対するカルノー・サイクルについて，状態 $o(c_1)$ の体積を V_1，状態 $o(c_2){=}t(c_1)$ の体積を V_2 とするとき，

$$W(c) = kN(T_1{-}T_3)\log\frac{V_2}{V_1}$$

であることを証明せよ．

【解】 上の(2)につぎの式を代入すればよい．

$$\mathcal{S}_2 = kN\log V_2{+}\frac{3}{2}\log T_1{+}C, \quad \mathcal{S}_4 = kN\log V_1{+}\frac{3}{2}\log T_1{+}C$$

□

5.2 準静操作と微分形式

準静操作による仕事と熱について，微分形式による定式化を述べよう．

熱力学の具体的問題では，考察すべきハミルトニアンの族は制御可能なものに限られ，それは $\mathbb{R}^n$ の中の領域あるいは有限次元の連結多様体 X によりパラメトライズされていると考えてよい．例えば，気体の体積はハミルトニアンを制御するパラメータである．X を**外部パラメータの空間**という．$\boldsymbol{x} \in X$ に対応するハミルトニアンを $H(\boldsymbol{x})$ と記す．そして，温度を $\boldsymbol{x}$ とは独立したパラメータと考え，平衡状態 $(H(\boldsymbol{x}),\theta)$ を $(\boldsymbol{x},\theta)$ と略記する．熱力学的関数は，$(\boldsymbol{x},\theta)$ を変数とする関数と考えることにする．

以下，Λ_0 を $X{\times}\mathbb{R}_+{=}\{(\boldsymbol{x},\theta);\ \boldsymbol{x} \in X,\ \theta{>}0\}$ と同一視する．

X の(局所)座標系 $(x_1, \cdots, x_n)$ をとる．**仕事の微分形式** δW を

$$\delta W = -\sum_{i=1}^{n} \left\langle \frac{\partial H}{\partial x_i} \right\rangle_{\theta} dx_i$$

により定義する．δW は X 座標系のとり方によらずに定まる Λ_0 上の 1 次の微分形式である．このとき，

$$\sum_{i=1}^{n} \left\langle \frac{\partial H}{\partial x_i} \right\rangle_{\theta} \frac{\mathrm{d}x_i}{\mathrm{d}t} = \left\langle \frac{\mathrm{d}H}{\mathrm{d}t} \right\rangle_{\theta}$$

であることに注意．したがって，仕事 $W(c)$ は c に沿う δW の線積分 $\int_c \delta W$ に等しいことが分かる．

熱の微分形式 δQ は，$\delta Q = dU + \delta W$ により定義される 1 次の微分形式である．

演習問題 5.4 Λ_0 上の微分形式として

$$\delta W = \frac{1}{\theta}(d \log Z_H + U d\theta),\ \delta Q = \frac{1}{\theta} d(\log Z_H + \theta U),$$
$$dS = k\theta\delta Q \ \left(= \frac{\delta Q}{T} \right)$$

が成り立つことを示せ．

例題 5.1 により，等エントロピー面 $\mathcal{S}^{-1}(c)$ は，Λ_0 の中の特異点のない超曲面である．

演習問題 5.5 ξ を X 上のベクトル場とする．ξ が誘導する(一般化された)圧力を

$$p(\boldsymbol{x}, T) = \int_S (\xi H)(\boldsymbol{x})\, \mathrm{d}P_{\theta,H} \quad (T = 1/k\theta)$$

により定義する．このとき，つぎの等式が成り立つことを示せ．

(1) $\xi F = -p$

（2）（マクスウェルの関係式）$\xi\mathcal{S}=\dfrac{\partial p}{\partial T}$

（3）（エネルギー方程式）$\xi U=T\dfrac{\partial p}{\partial T}-p$

一般の準静操作は熱源の温度を連続的に変化させなければならないので，現実的な操作とはいえない．現実的な準静操作としては，等温準静操作と断熱準静操作を繰り返し行う操作が考えられる．

例題 5.3 エントロピー $\mathcal{S}(\boldsymbol{x},\theta)$ が，$\boldsymbol{x}$ の関数として臨界点をもたないとする．このとき，任意の 2 つの平衡状態 $(\boldsymbol{x},T),(\boldsymbol{x}',T)$ に対して，等温準静操作と断熱準静操作を繰り返し行うことにより，$(\boldsymbol{x},T)$ から $(\boldsymbol{x}',T')$ に移ることができる．

【解】 $(\boldsymbol{x},T)$ を $(\boldsymbol{x}',T')$ に上の 2 種類の準静操作を繰り返して移すことができるとき，$(\boldsymbol{x},T)\sim(\boldsymbol{x}',T')$ と表わす．関係 $\sim$ は同値関係である．$(\boldsymbol{x},T)$ を含む同値類を $\Lambda_0(\boldsymbol{x},T)$ とする．$\Lambda_0(\boldsymbol{x},T)$ は Λ_0 の開集合であることを示そう．T' が T に十分近ければ，

$$(X\times\{T'\})\cap\mathcal{S}^{-1}(\mathcal{S}(\boldsymbol{x},T))\neq\emptyset$$

であるから，$(\boldsymbol{y},T')=\mathcal{S}(\boldsymbol{x},T)$ を満たす $\boldsymbol{y}\in X$ が存在する．断熱準静操作で $(\boldsymbol{x},T)$ から $(\boldsymbol{y},T')$ に移り，つぎに等温準静操作で $(\boldsymbol{y},T')$ から $(\boldsymbol{x}',T')$ に移ればよい．

いま示したことから同値類 $\Lambda_0(\boldsymbol{x},T)$ は開集合であることが分かる．Λ_0 が連結であることから，$\Lambda_0(\boldsymbol{x},T)=M$ が結論される．□

一般の準静操作は，上の 2 種類の静準操作の繰り返しにより得られる準静操作の「極限」として捉えられる．

■5.3　一般的操作の下での熱力学

熱力学では，操作の途中で平衡状態をとるとは限らないようなものを考える必要がある．そこで，Λ として，状態 (H,P) と熱源の温度 T の組 (H,P,T) の全体とする．平衡状態の空間 Λ_0 は，$(H,T)\in\Lambda_0$ に $(H,P_{H,\theta},T)$ $(\theta=1/kT)$ を対応させることにより Λ の部分集合と同一視される．エントロピーとヘルムホルツの自由エネルギーは，一般の状態に対しても定義されていることを思い出そう．

注意　平衡でない気体を，ハミルトニアンと確率測度の組である状態 (H,P) により記述してよいものかどうかについては疑問が生じるかもしれない．実際，ほとんどの熱力学のテキストでは，平衡状態にない気体については，それを「ブラックボックス」にして，何も述べないのが普通である．これから述べる操作の概念では，操作の途中における状態を一応明示するが，それが果たす役割はほとんどないといってよい．したがって，本節の定式化は熱力学のトイモデルというべきものである．

Λ の中の曲線を**操作**とよぶことにする．$c:[a,b]\longrightarrow\Lambda$ を操作として，$c(t)=(H_t,P_t,T_t)$ と表わしたとき，H_t,P_t はともに連続で区分的に滑らかと仮定する．T_t については，区分的に連続であり，しかも連続な部分では区分的に滑らかとする(実際上の操作では，T_t は区分的には定数である)．

操作に対する仕事(微分)と熱(微分)を，準静操作の場合とまったく同様に定義する．すなわち，操作 $c:[a,b]\longrightarrow\Lambda$ に対して，$c(t)=(H_t,P_t,T_t)$ とするとき，

$$\frac{\delta W}{\mathrm{d}t}=-\int_S\frac{\mathrm{d}H_t}{\mathrm{d}t}\,\mathrm{d}P_t$$

を c に沿って(外界)になされる**仕事微分**といい，

$$\frac{\delta Q}{\mathrm{d}t} = \frac{\mathrm{d}U}{\mathrm{d}t} + \frac{\delta W_c}{\mathrm{d}t}$$

を**熱微分**という．ここで，$U(t)=U(H_t, P_t)$ である．

c に沿って外になされる仕事 $W(c)$ と吸収熱 $Q(c)$ は，それぞれ

$$W(c) = \int_c \delta W = \int_a^b \frac{\delta W_c}{\mathrm{d}t}\,\mathrm{d}t, \quad Q(c) = \int_c \delta Q = \int_a^b \frac{\delta Q_c}{\mathrm{d}t}\,\mathrm{d}t$$

により定義される．定義から，エネルギー保存則

$$U(t(c)) - U(o(c)) = Q(c) - W(c)$$

が成り立つ．エネルギー保存則を，**熱力学の第 1 法則**ということがある．

準静操作の場合と同様に，等温操作と断熱操作をつぎのように定義する．

(1) $c(t)=(H_t, P_t, T_t)$ において，$T_t \equiv T$ であるとき，操作曲線 c を温度 T における**等温操作**という．

(2) $c(t)=(H_t, P_t, T_t)$ において，$\dfrac{\delta Q}{\mathrm{d}t} \equiv 0$ であるとき，c を**断熱操作**という．

熱に関する経験則から，すべての操作が可能というわけではないことがわかる．実際，熱と仕事に関するさまざまな経験則を 1 つの性質にまとめると，もし c が可能な操作であれば

$$\int_c \frac{\delta Q}{T} \leq \mathcal{S}(t(c)) - \mathcal{S}(o(c)) \qquad (5.3)$$

という不等式を満たしていなければならないことが結論される．これを**クラウジウスの不等式**あるいは**熱力学の第 2 法則**という．準静操作に対しては，等式が成り立っていたことを思い出そう．

注意 実は，(5.3)は通常のクラウジウスの不等式よりも強いことをいっている．すなわち，通常では開始状態と終了状態が平衡状態の場合にのみ，クラウジウスの不等式が成り立つとしているのである．任意の開始状態と終了状態に対する上の不等式は検証可能ではないのだが，これからの議論に何ら不都合は引き起こさないし，エントロピー増大則やヘルムホルツの自由エネルギー減少則と整合的であることがわかる．いずれにしても，クラウジウスの不等式は熱現象の経験則に根ざしているのであって，平衡気体の統計力学からは導くことはできない．

可能な操作に関してつぎの公理を置くことにする．

公理

（1）準静操作はすべて可能な操作である．

（2）2つの可能な操作 c_1, c_2 について $t(c_1)=o(c_2)$ であるとき，c_1, c_2 をつなげて行う操作（合成）$c_1 \cdot c_2$ は可能な操作である．

（3）すべての可能な操作 c に対して，

$$\int_c \frac{\delta Q}{T} \leq \mathcal{S}(t(c)) - \mathcal{S}(o(c))$$

が成り立つ．

（4）任意の状態 (H, P) に対して，$c(t)=(H, P_t, T)$ の形の可能な等温操作 c で，$o(c)=(H, P, T)$, $t(c)=(H, T) \in \Lambda_0$ となるものが存在する（これは，固定した容器の中の気体が，等温環境の中で平衡状態に達する事実に対応している）．

（5）任意の $(H, P, T) \in \Lambda$ に対して，$c(t)=(H, P_t, T)$ の形の可能な断熱操作 c で，$o(c)=(H, P, T)$, $t(c)=(H, T') \in \Lambda_0$ となるものが存在する（これは，固定した容器の中の気体が，断熱された中で平衡状態に達する事実に対応している）．ここで，T' は，$U(H, P)=U(H, T')$ により決定される温度である．

(6) 平衡状態 (H,T) と $T'>T$ を満たす任意の T' に対して，$o(c)=(H,T)$, $t(c)=(H,T')$ を満たす可能な断熱操作 c が存在する．この場合，$U(H,T)<U(H,T')$ であるから，$W(c)<0$（すなわち，気体の外から仕事を行う必要がある）．

クラウジウスの不等式から導かれる結果を列挙しよう．

結果 1　可能な等温操作 c に対して $W(c)\leq F(o(c))-F(t(c))$ が成り立つ．とくに $W(c)=0$ の場合，$F(t(c))\leq F(o(c))$ が成り立つ．

実際，温度 T の等温操作 c に対して

$$\frac{1}{T}Q(c) \leq \mathcal{S}(t(c))-\mathcal{S}(o(c))$$

であるから，$W(c)=Q(c)+U(o(c))-U(t(c))$ にこれを代入すればよい．

系（ケルビンの原理の特別な場合）　可能な等温操作 c について，$o(c)=t(c)=(H,T)$ であるとき，$W(c)\leq 0$ が成り立つ．

ケルビンの原理は，環境（熱源）から熱を吸収し，外に正の仕事をしながら元に戻る装置が存在しないこと，すなわち**第 2 種の永久機関**が存在しないことを意味している（後で，一般の操作に対するケルビンの原理を述べる）．

系（最大仕事の定理）　$o(c)=(H_1,T)$，$t(c)=(H_2,T)$ であるような温度 T の可能な等温操作 c に対して $W(c)\leq W(c_0)$ が成り立つ．ここで，c_0 は $o(c_0)=(H_1,T)$, $t(c_0)=(H_2,T)$ であるような等温準静操作である．

系　固定された容器の中にある状態 (H,P) をもつ気体を温度 T の等温環境において，平衡状態 $(H,T)\in\Lambda_0$ に達したとき，$F(H,T)\leq F(H,P,T)$ である．もし，(H,P) が平衡状態でなければ，$F(H,T)<F(H,P,T)$ である．（これは，ヘルムホルツの

自由エネルギー減少則である).

実際，(H,P,T) から (H,T) に達する過程を操作 c として，上の結果を適用すればよい.

結果 2 可能な断熱操作 c に対して，$\mathcal{S}(o(c))\leq\mathcal{S}(t(c))$ が成り立つ.

系 断熱壁に囲まれ，固定された容器の中にある状態 (H,P) をもつ気体が平衡状態 $(H,T)\in\Lambda_0$ に達したとき $\mathcal{S}(H,P)\leq\mathcal{S}(H,T)$ が成り立つ．ここで，T は $U(H,T)=U(H,P)$ により決定される温度である．さらに，もし (H,P) が平衡状態でなければ，$\mathcal{S}(H,P)<\mathcal{S}(H,T)$ である．(これはエントロピー増大則である).

系(プランクの原理) $T'<T$ とするとき，$o(c)=(H,T)$, $t(c)=(H,T')$ となるような可能な断熱操作 c は存在しない.

実際，もしこのような c が存在すれば，$\mathcal{S}(H,T')\geq\mathcal{S}(H,T)$ であるから，エントロピーが温度の増加関数であることに矛盾.

つぎの例題は，結果 2 の逆が成り立つことを意味する.

例題 5.4 平衡状態 α,β に対して $\mathcal{S}(\alpha)\leq\mathcal{S}(\beta)$ であるとき，$o(c)=\alpha$, $t(c)=\beta$ であるような可能な断熱操作 c が存在する.

【解】 $\alpha=(H_1,T_1)$, $\beta=(H_2,T_2)$ とするとき，ある断熱準静操作 c' で，$o(c')=(H_1,T_1)$, $t(c')=(H_2,T_3)$ となるものが存在する.

$$\mathcal{S}(H_2,T_3)=\mathcal{S}(H_1,T_1)\leq\mathcal{S}(H_2,T_2)$$

であるから，$T_3\leq T_2$ である．断熱操作の存在公理により，$o(c'')=(H_2,T_3)$, $t(c'')=(H_2,T_2)$ となる可能な断熱操作 c'' が存在する．このとき，$c=c'\cdot c''$ が求める断熱操作を与える. ∎

5.4 熱機関とクラウジウスの不等式

クラウジウスの不等式を熱力学の公理として採用するのは，唐突な感じがするかもしれない．そこで，熱現象についての直観的な事柄とクラウジウスの不等式を結びつけよう．

まず**熱機関**について述べる．熱機関とは，あらかじめ有限個の熱源を用意し，平衡状態をもつ気体を順次それらの熱源に接触させながら熱を吸収(放出)し，外に仕事をしながら最後には元の平衡状態に戻る可能な操作(サイクル)のことである．ただし，同じ熱源を何度使ってもよいし，これらの等温操作の間には断熱操作を挟みこんでもよい．

注意 前節で操作の一般的定式化を与えたが，現実に考えられる可能な操作は，熱機関あるいはその部分操作である．したがって，一般の準静操作と同様，前節で定義した操作の概念は，あくまでも数学的なモデルである．

例題 5.5 熱機関のサイクルに沿ってなされる仕事は，等温操作の間に吸収される熱の総量に等しいことを示せ．

【解】 断熱操作 c に沿ってなされる仕事は

$$W(c) = U(o(c)) - U(t(c))$$

であり，等温操作 c の間になされる仕事は

$$W(c) = Q(c) + U(o(c)) - U(t(c))$$

である．これらをサイクルに沿って足し合わせれば，エネルギーの部分はキャンセルされ，等温操作の間に吸収される熱の総量に等しいことがわかる． □

以下，カルノー・サイクルに関してつぎのような要請をする．

要請 任意の $T_1, T_2 > 0$ および任意の $Q \in \mathbb{R}$ を与えたとき，

温度 T_1 をもつ熱源 R_1 と温度 T_2 をもつ熱源 R_2 の間に，R_1 において熱 Q を吸収するカルノー・サイクルが存在する．

理想気体では，この要請は明らかに満足される．

例題 5.6 この要請の下でつぎの 3 つの主張は互いに等価であることを示せ(これらの主張を熱力学の第 2 法則ということがある)．

(1) (**クラウジウスの原理**)「熱は低温部から高温部へひとりでに移動しない」．正確にいえば，低温熱源から熱を吸収，高温熱源に熱を放出して，しかも仕事の総量が 0 であるような熱機関は存在しない．

(2) (**ケルビンの原理**)「熱のすべてはひとりでに力学的仕事に変わらない」．正確にいえば，1 つの熱源 R からの熱のみを吸収して，それをすべて仕事に変えるような熱機関は存在しない．ここで，他の熱源からの熱の吸収・放出はあっても，サイクルが終了したときには各熱源における吸収量と放出量は等しくなるとする(すなわち，R 以外の各熱源からの熱の貸し借りは無しである)．

(3) 任意の熱機関 C に対してクラウジウスの不等式が成立する．くわしくいえば，$R_1,\cdots,R_n$ を，それぞれ $T_1,\cdots,T_n$ を温度とする熱源とし，c_i を熱源 R_i に接触しているときの等温操作とするとき，クラウジウスの不等式はつぎのようになる．

$$\sum_{i=1}^{n} \frac{Q(c_i)}{T_i} \leq 0 \tag{5.4}$$

【解】 まず，(1)と(2)が等価であることを示そう．

(1)を否定すると，低温熱源から熱を吸収，高温熱源に熱を放出して，しかも仕事の総量が 0 であるような熱機関 C が存在する．高温熱源を R_1，低温熱源を R_2 とする．R_1, R_2 の間でカルノー・サイクル C' を運転させ，R_1 から熱 Q_1 を吸収し，R_2 に熱 Q_2 を放出させる．この際，C' は Q_1-Q_2 の仕事をする．つぎに C を運転することにより，R_2 から熱 Q_2 を吸収し，R_1 に放出させる．C' と C を合成して得られるサイクル $C'\cdot C$ の間に R_2 からの熱の貸し借りは 0 になり，R_1 から吸収される熱 Q_1-Q_2 のみが仕事に変わる．よって(2)が否定される．

つぎに(2)を否定しよう．熱源 R_1 からの熱 Q' のみを吸収して，それをすべて仕事に変えるような熱機関 C が存在する．R_1 より低温の熱源 R_2

をとり，R_1, R_2 の間でのカルノー・サイクル C' を考える．サイクル C の後に，仕事 Q' を使って C' の逆向きのサイクル C'' を運転させる．このとき，R_2 から熱 Q_2 を吸収したとすると，R_1 には熱 Q_2+Q' を放出する．よって，サイクル $C\cdot C'$ の間に外に行われる仕事は帳消しとなり，低温熱源 R_2 から熱 Q_2+Q' を吸収し，高温熱源 R_1 にそれを放出したことになる．したがって，(1)が否定される．

(2)と(3)が等価であることを示そう．まず，(2)を仮定する．

熱機関の開始状態(終了状態)を $\alpha \in \Lambda_0$ とする．温度 T をもつ別の熱源 R を用意し，R と R_i の間のカルノー・サイクル C_i をつぎのような性質をもつように構成する．

(a) C_i の開始状態(終了状態)は α.

(b) C_i は熱源 R_i から $-Q(c_i)$ の熱を吸収し，R からは Q_i の熱を吸収する．よって，

$$\frac{Q_i}{T} - \frac{Q(c_i)}{T_i} = 0 \tag{5.5}$$

である．

熱機関 C とカルノー・サイクル $C_1, \cdots, C_n$ を順次つないで得られるサイクルを C' としよう．C' を一巡りする間に，熱源 R_i たちとの熱の貸し借りは無しになる．一方，C' を一巡りする間に外になされる仕事の総量は

$$\sum_{i=1}^{n} [Q(c_i)+(Q_i-Q(c_i))] = \sum_{i=1}^{n} Q_i$$

である．もし $\sum_{i=1}^{n} Q_i>0$ とすると，熱源 R から吸収される熱のみで正の仕事が外になされることになるから，これはケルビンの原理に反する．よって，$\sum_{i=1}^{n} Q_i \leq 0$ が成り立つ．これと(5.5)を合わせれば，クラウジウスの不等式(5.4)を得る．

最後に(3)を仮定しよう．もし，(2)の中に述べられているような熱機関 C が存在したとする．温度 T の熱源から吸収する熱の総量を $Q>0$，外に行う仕事の総量を W とすると，$Q=W$ である．ところが，クラウジウスの不等式を C に適用すれば，$Q/T \leq 0$ が成り立たなければならない((5.4)の左辺において，他の熱源の部分はキャンセルされてしまう)．これは矛盾であるから，(2)の中に述べられているような熱機関は存在しない． □

不可能への「挑戦」

数学では，「作図による角の 3 等分」という「不可能」問題がある(ただし，作図はコンパスと定規のみを使い，コンパスは 2 点の一方を中心とし他方を通る円を描くのに用いられ，定規は与えられた 2 点を通る直線を引くのに用いられる)．ここで「不可能」ということは，一般に与えた角の 3 等分を作図で求めることができないことが「証明」されていることを意味する．

物理学で有名な「不可能」問題は，永久機関の発明である．永久機関には 2 種類あって，エネルギーの保存則を破るような機関を第 1 種永久機関，ケルビンの原理に反するような機関を第 2 種永久機関という．

これらの数学と物理における「不可能」問題に，今でも「不可能」を「可能」にしようと「挑戦」を行う人がいる．とくに永久機関の「発明」は，ときたまジャーナリズムを騒がせることがあり，まんまと騙される人も多い．発明者が気付かないところで(気付いていたら詐欺である)，他所からのエネルギーを利用しているのだ．いずれにしても，「不可能に挑戦」ということが，「未だ誰も成功しなかったことをやり遂げてみせる」という意味に取り違えられているようだ．

角の 3 等分は，「今まで誰も成功しなかったが，努力すれば可能になる」ということではない．成功しないことが証明されているのだから，まったくの無駄なのである．他方，第 2 種永久機関の「不可能性」については少々微妙である．ケルビンの原理は，経験則から導かれるものであって，数学の意味で「証明」された原理ではないからである．むしろ，第 2 種永久機関を発明しようとして失敗した歴史が，原理の正当性を裏打ちしているのである．

5.5 可逆操作と不可逆操作

可能な操作 c について，

$$\int_c \frac{\delta Q}{T} = \mathcal{S}(o(c)) - \mathcal{S}(t(c))$$

が成り立つとき，c を**可逆操作**といい，$o(c)=t(c)$ の場合の可逆操作を**可逆サイクル**という．また，可逆でない可能な操作，すなわち

$$\int_c \frac{\delta Q}{T} < \mathcal{S}(o(c)) - \mathcal{S}(t(c))$$

が成り立つとき，c を**不可逆操作**という．$o(c)=t(c)$ の場合は**不可逆サイクル**という．準静操作は，明らかに可逆である．

可能な操作の合成 $c \cdot c'$ が可逆であるための必要十分条件は，c, c' の双方が可逆なことである．したがって，可能な操作 c のある部分が不可逆であれば，c も不可逆ということになる．

可逆性を，断熱操作と等温操作の場合に分けて考えると，つぎのようになる．

（1）断熱操作 c が可逆であるためには，$\mathcal{S}(o(c))=\mathcal{S}(t(c))$ であることが必要十分条件である．このことから，固定された容器の中にある非平衡な状態 (H, P) をもつ気体が断熱されたまま平衡状態に達する過程は不可逆である．

（2）等温操作 c が可逆であるためには，$W(c)=F(o(c))-F(t(c))$ であることが必要十分条件である．このことから，固定された容器の中にある非平衡な状態 (H, P) をもつ気体が等温環境において平衡状態に達する過程は不可逆である．

例題 5.7 熱機関 C に対して，各熱源における熱の貸し借り無しであれば，C は可逆サイクルであることを示せ(逆は一般に成り立たない)．

このような熱機関は，外に仕事をしないことに注意.

【解】 $c_1, \cdots, c_n$ をサイクル C の中に現れる温度 $T_1, \cdots, T_n$ での等温操作とする．この中で温度 T の熱源 R に接触する等温操作を $c_{i_1}, \cdots, c_{i_k}$ とすると $\sum_{j=1}^{k} Q(c_{i_j})=0$ である．このことを使えば，

$$\sum_{i=1}^{n} \frac{Q(c_i)}{T_i} = 0$$

となることをみるのは容易である．　□

可逆操作の名の由来はつぎの例題に見出すことができる．

例題 5.8　平衡状態 α, β をそれぞれ開始状態と終了状態とする可能な操作 c を考える．ただし，c は有限個の熱源 $R_1, \cdots, R_n$ との接触による等温操作および断熱操作からなるものとする．

c が可逆操作であるための必要十分条件は，つぎのような可能な操作 c' が存在することである．これを示せ．

（1）$o(c')=\beta$, $t(c')=\alpha$ である．

（2）c' は有限個の熱源との接触による等温操作および断熱操作からなる．

（3）サイクル（熱機関）$c \cdot c'$ の間に使われた各熱源において，そこから吸収される熱の代数的総和は 0 である（すなわち，各熱源における熱の貸し借りは無しである）．

【解】　c が可逆とし，$\beta=t(c)$ における温度 T をもつ熱源 R を用意する．前節の例題 5.6 において，(2)と(3)の等価性を示したときに利用したカルノー・サイクル $C_1, \cdots, C_n$ を使う．ただし，すべて開始状態は β とする．くわしく言えば，c_i を温度 T_i の熱源 R_i に接触しているときの等温操作とするとき，C_i は R_i から $-Q(c_i)$ の熱を吸収し，熱源 R から Q_i の熱を吸収する．

操作 $c \cdot C_1 \cdots C_n$ を行えば，熱源 R_i との熱の貸し借りは 0 となり，R からの熱

$$Q = \sum_{i=1}^{n} Q_i = T \sum_{i=1}^{n} \frac{Q(c_i)}{T_i} = T\bigl(\mathcal{S}(\beta) - \mathcal{S}(\alpha)\bigr)$$

を吸収したことになる．この借りを返すため，R から $-Q$ の熱を吸収する準静等温操作 C_{n+1} を行う．その終了状態 $\gamma=t(C_{n+1})$ は

$$-Q = T\bigl(\mathcal{S}(\gamma) - \mathcal{S}(\beta)\bigr)$$

を満たさなければならないから，$\mathcal{S}(\gamma)=\mathcal{S}(\alpha)$ である．よって，γ を開始状態，α を終了状態とする断熱準静操作 C_{n+2} が存在し，$c'=C_1 \cdots C_{n+2}$ と

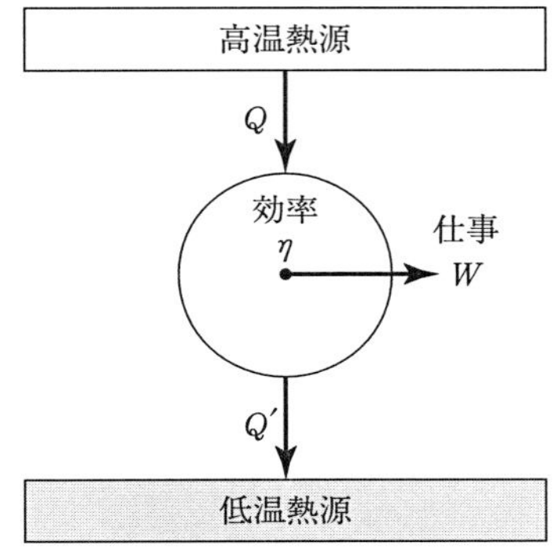

図 5.2 熱機関

おけば c' が求める操作を与える.

逆を証明するのには，$c\cdots c'$ に上の補題を適用すればよい. ▯

2つの熱源を使って1つのサイクルを行う間に，高温熱源から熱 Q を吸収し，外に仕事 W を行うとき，$\eta=\dfrac{W}{Q}$ をこのサイクルの**熱効率**という(図 5.2 参照). 熱源の温度を T_1, T_2 とし($T_1>T_2$)，低温熱源で熱 Q' を放出するとき，$W=Q-Q'$ であり(例題 5.5)，クラウジウスの不等式により，

$$\frac{Q}{T_1}-\frac{Q'}{T_2} \leq 0$$

であるから，

$$\eta = 1-\frac{Q'}{Q} \leq 1-\frac{T_2}{T_1}$$

が成り立つ. 等号は，サイクルが可逆であるときのみ成り立つ. 言いかえれば，与えられた 2 つの熱源の間で働くサイクル(熱機関)のうちで，可逆サイクルが最大の熱効率 $(T_1-T_2)/T_1$ をもつ. これを**カルノーの定理**という(1824 年；熱力学の第 2 法則を

用いた厳密な証明はクラウジウスによる)．絶対温度は，可逆サイクルの熱効率を用いて定義されることを注意しておこう(この意味で，**熱力学的温度**ともいわれる)．

現実の操作では，必ず等温あるいは断熱条件の下での非平衡状態から平衡状態への移行を必要とする．したがって，完全な意味での可逆な操作は実際上存在しない．準静操作と同様に，可逆操作も理想化した概念なのである．

参考文献

物理の立場から見た最小作用の原理については，たとえば

[1] C. Lanczos (高橋康監訳，一柳正和訳)：解析力学と変分原理，日刊工業新聞社，1992.

を参照してほしい．

KdV 方程式と等スペクトル変形の関係は，跡公式との関連から次の論文で扱われている．

[2] T. Sunada：*Trace formula for Hill's operators*, Duke Math, J., **47**, 529-546, 1980.

シンプレクティック多様体の理論は，複素多様体の幾何学と深く関連している．複素多様体について知るには

[3] P. Griffiths and J. Harris：Principles of Algebraic Geometry, John Wiley & Sons, 1978.

が最適である．

確率論の基礎と発展を解説している成書として

[4] 伊藤清：確率論，岩波書店，1991.

をすすめる．また，確率論の歴史的文献としては，つぎの 2 つの本がある．

[5] ラプラス(伊藤清，樋口順四郎訳・解説)：確率論——確率の解析的理論——，共立出版，1986.
[6] ラプラス(内井惣七訳)：確率の哲学的試論，岩波文庫，1997.

コルモゴロフによる公理的確率論の建設の後，多岐にわたる応用がなされたが，つぎのヒンチンの著書は統計力学への応用に関する基本的文献である．

[7] A. ヒンチン(河野繁雄訳)：統計力学の数学的基礎，東京図書，1971.

物理学の観点からは，つぎの文献が統計力学への入門として古典的なものである.

[8] R. C. Tolman：The principles of statistical mechanics, Dover, 1979.

確率論的手法によるエルゴード理論については

[9] 十時東生：エルゴード理論入門，共立出版，1971.

を参照されたい.

索　引

さ 行

た 行

ま　行

や　行

ら　行

わ 行

■岩波オンデマンドブックス■

岩波講座 物理の世界　物の理 数の理 4
数学から見た統計力学と熱力学

2004 年 9 月 29 日　第 1 刷発行
2009 年 1 月 15 日　第 3 刷発行
2024 年 10 月 10 日　オンデマンド版発行

著　者　砂田利一（すなだとしかず）

発行者　坂本政謙

発行所　株式会社 岩波書店
〒101-8002 東京都千代田区一ツ橋 2-5-5
電話案内 03-5210-4000
https://www.iwanami.co.jp/

印刷／製本・法令印刷

ISBN 978-4-00-731492-6　　Printed in Japan